Bäume und Sträucher

blv

ENTDECKEN UND ERKENNEN

STEFAN CÖLSCH
BÄRBEL OFTRING (HRSG.)

W0364594

Bäume und Sträucher

Bäume gehören zu den faszinierendsten Lebewesen der Erde. Sie sind nicht nur groß – im westlichen Nordamerika etwa wachsen mit Höhen von weit über 100 Meter wahre Baumriesen als Mammutbäume, Douglasien und Hemlocktannen heran –, sondern werden auch uralt. Die älteste Eiche Deutschlands z. B. steht im Münsterland. Mit ihren über 1300 Lebensjahren war sie schon eine stattliche Baumgestalt, als Karl der Große zum römischen Kaiser gekrönt wurde. Der älteste lebende Baum der Erde, eine Fichte am mittelschwedischen Fulu-Berg, ist nach Kohlenstoffanalyse erwiesenermaßen 9550 Jahre alt.

Grund für diese enormen Wuchshöhen und das Alter ist das, was Bäume und Sträucher ausmacht: Den Großteil ihres jährlichen Gewinns aus der Fotosynthese legen sie in Holz an. Mit diesem aus dem Holzstoff Lignin bestehenden stabilen, gleichzeitig auch elastischen Baumaterial werden Wurzeln, Äste und Zweige gebildet sowie Umfang und Höhe der Stämme erhöht. Gehölze leisten dadurch auch einen enormen Beitrag für das Klima: Im Holz wird klimawirksames Kohlenstoffdioxid festgelegt und so der Atmosphäre entzogen. Als Nebenprodukt der Fotosynthese fällt Sauerstoff an, bei einer hundertjährigen Buche täglich etwa so viel wie 50 Menschen verbrauchen. Doch Bäume und Sträucher bieten den Menschen noch mehr: Sie liefern nicht nur Holz für vielerlei Zwecke, Früchte, Harze, Heilmittel und Gerbstoffe, sondern sind auch unverzichtbarer Teil eines gesunden Wasserkreislaufs.

Bäume sind wahre Persönlichkeiten. Obwohl Sie viele Bäume leicht am arttypischen Wuchs, dem Habitus, erkennen können, zeigt jedes Baumindividuum doch eine individuelle, dem jewei-

Fichten zeichnen sich typischerweise durch einen spitz-kegeligen Wuchs aus (links). Dagegen ist die Tanne zur Spitze hin etwas gedrungen, »gestaucht« (rechts).

ligen Standort angepasste Wuchsform. So können sich manche Gehölzarten (z. B. Schwarzer Holunder oder Stechpalme) sowohl zur Strauch- als auch zur Baumform entwickeln.

Die Arten in diesem Buch

Mit diesem Naturführer können Sie 221 Arten heimischer Bäume und Sträucher kennenlernen und auf einfache Weise bestimmen. Ausgewählt wurden einerseits solche Gehölzarten, die wie Schwarzer Holunder oder Gewöhnliche Esche häufig und überall verbreitet sind, andererseits solche Spezialisten wie die Alpenazalee, die typisch für bestimmte heimische Lebensräume sind. Auch zahlreiche der meist nicht heimischen Zierbäume und -sträucher in Gärten, Parks, öffentlichen Grünanlagen und dem Straßengrün finden Sie in diesem Buch.

Bäume und Sträucher sicher bestimmen

Um Bäume und Sträucher bestimmen zu können, betrachten Sie zunächst das einzelne Blatt. Ist es kein Nadel- oder Schuppenblatt, sondern ein Laubblatt, so schauen Sie sich genauer den Blattrand an:

ganzrandig | gesägt | gelappt/gebuchtet | zusammengesetzt

Dieser ist beim ganzrandigen Blatt (z. B. Rot-Buche) ganz glatt, beim gesägten Blatt (Pappel, Linde) trägt er kleine Kerben oder Zacken und beim gelappten/gebuchteten Blatt (Spitz-Ahorn, Stiel-Eiche) ist er handförmig gelappt oder gebuchtet. Robinie, Rosskastanie, Esche und andere Gehölze besitzen aus mehreren Teilblättern (Fiedern) zusammengesetzte Blätter.

Gegenständig – wechselständig: Neben der Blattform und der Gestaltung von Blattrand und Blattspreite müssen Sie beim Bestimmen von Laubgehölzen auch auf die Stellung der Blätter am Trieb achten. Bei den gegenständigen Arten sitzen die Blätter stets zu zweit am Trieb genau gegenüber, bei den wechselständigen Arten hingegen sitzt jeweils nur ein Blatt abwechselnd auf verschiedenen Seiten des Triebs.

gegenständig

wechselständig

Wichtig: Schauen Sie sich stets mehrere Blätter an, denn die Blätter eines Gehölzes sind nicht identisch.

Die Baum- und Straucharten sind in diesem Naturführer nach bestimmten Blattmerkmalen in Gruppen eingeteilt. Jeder Gruppe ist ein **Piktogramm** plus Kolumnentext zugeordnet, den Sie in der linken Randspalte finden. Zunächst wird nach der Blattform in Nadelblätter (S. 8–29), schuppenförmige Blätter (S. 30–35) und Laubblätter (S. 36–153) unterschieden.

Der Rand der Laubblätter kann ganzrandig, gesägt oder gelappt/gebuchtet sein, ein zusammengesetztes Laubblatt besteht aus vielen Teilblättern. In jeder Gruppe finden Sie jeweils zuerst die Gehölzarten mit **gegenständig** am Trieb angeordneten Blättern, danach **wechselständig** angeordnete Blätter.

Nadelblätter, einzeln (S. 8–21): Tannen, Fichten und die anderen Gehölzarten dieser Gruppe besitzen einzeln stehende Nadelblätter.

Nadelblätter, Büschel (S. 22–29): Bei Zedern, Kiefern, Lärchen und dem Gewöhnlichen Wacholder; die Nadelblätter stehen zu mehreren in Büscheln.

Blätter schuppenförmig (S. 30–35): z.B. Wacholder, Zypressen und Lebensbäume; kleine bis winzige Schuppenblätter, die meist dem Zweig dicht anliegen.

Blätter ganzrandig, gegenständig (S. 36–53).

Blätter ganzrandig, wechselständig (S. 54–71).

Blätter gesägt, gegenständig (S. 72–77).

Blätter gesägt, wechselständig (S. 78–111).

Blätter gelappt, gebuchtet, gegenständig (S. 112–115).

Blätter gelappt, gebuchtet, wechselständig (S. 116–131).

Blätter zusammengesetzt, gegenständig (S. 132–137).

Blätter zusammengesetzt, wechselständig (S. 138–153).

Anmerkung: Der Kolumnentext zur jeweiligen Gruppe der Laubgehölze nennt nur die Merkmale des Blattrandes. Die Blattstellung wird ausschließlich durch das Piktogramm symbolisiert.

Zu den Baumporträts

Die einzelnen Baumporträts sind immer gleich aufgebaut. Zunächst erfolgt eine kurze Beschreibung der wichtigsten **Merkmale** sowie des **Vorkommens**, die Ihnen zusammen mit dem Foto das Bestimmen der Art ermöglicht. Unter dem Stichpunkt **Wissenswertes** finden sie interessante Fakten zur jeweiligen Art. Besonders wichtige Details sind **in roter Schrift** hervorgehoben.

Neben den Blättern, Blüten und Früchten geben Rinde (links) und Knospen (rechts) beim Bestimmen gute Hinweise auf die Gehölzart, hier eine Rot-Buche.

In der **Monatsleiste** oben am Beginn jeder Artbeschreibung stehen die Anfangsbuchstaben jedes Monats von J (Januar) bis D (Dezember). Die schwarzen Punkte kennzeichnen die Blütezeit. In den rot gedruckten Monaten werden die Früchte reif. Dabei müssen Sie bedenken, dass die angegebenen Kalenderzeiten nur Anhaltspunkte sind, denn die Blüte- und Fruchtreifezeiten können sich im nordwestdeutschen Tiefland deutlich von denen in Gebirgslagen oder wintermilden Gebieten unterscheiden.

Noch ein paar botanische Erklärungen

Die Blüten können **zwittrig** sein – diese Blüten besitzen sowohl die weiblichen (Fruchtknoten) und männlichen (Staubblatt) Funktionsteile. **Einhäusig** bedeutet, dass Fruchtknoten und Staubblätter bei der betreffenden Art (beispielsweise bei der Birke) getrennt in weiblichen und männlichen Blüten untergebracht sind. Bei **zweihäusigen** Arten wie Mistel oder Wacholder sind beide Geschlechter auf verschiedene Individuen verteilt.

ABIES ALBA — J F M A M J J A **S O** N D

Weiß-Tanne

Merkmale Bis zu 50(70) m hoher, immergrüner Baum, gerader Stamm, **rundlicher Wipfel**. **3 harzfreie Knospen** an Triebenden. Nadeln **vorne gekerbt**, unterseits 2 helle Streifen. Zapfen aufrecht, **Spindel bleibt am Zweig**.

Vorkommen Oft bestandsbildend im **Nadelwald** (mit Fichten) oder **Mischwald** (mit Buchen, Kiefern), zwischen 400 und 1000 m Höhe.

Wissenswertes Die Weiß-Tanne ist der anspruchvollste heimische Nadelbaum, wird bis zu 600 Jahren alt und gehört zu den größten heimischen Bäumen. Das harzfreie weiße Holz (Name) ist gegenüber Fichtenholz witterungsbeständiger und war schon immer begehrtes Konstruktionsholz für Brücken, Dachstühle, Schiffsmasten oder Schindeln. Der gegen Luftschadstoffe hochempfindliche Baum gehörte in den 1970er Jahren zu den ersten, an denen Schadensbilder des Waldsterbens entdeckt wurden. Er besitzt eine tiefgehende Pfahlwurzel.

ABIES CONCOLOR — J F M A M J J A **S O** N D

Colorado-Tanne

Merkmale 20–50 m hoher, immergrüner Baum, kegelförmiger Wuchs, waagrecht abstehende Äste bis zum Boden. **Knospen harzig**. Nadeln bis zu 8 cm lang, **sichelförmig gebogen**, beidseits graugrün. Zapfen aufrecht.

Vorkommen Zierbaum in Parks, Gärten.

Wissenswertes Die Colorado-Tanne ist frosthart, robust, verträgt mehr Trockenheit als andere Tannen und toleriert Luftverschmutzung. In Nordamerika, wo sie beheimatet ist, wird sie als Weihnachtsbaum in Plantagen gepflanzt.

ABIES NORDMANNIANA — J F M A M J J A **S O** N D

Nordmann-Tanne

Merkmale Bis zu 30 m hoher, immergrüner Baum mit kegelförmigem Wipfel. **4 harzfreie Knospen** an Triebenden. Nadeln vorne gerundet, glänzend dunkelgrün, **dicht rings** um den Zweig wachsend. Bis zu 20 cm lange Zapfen.

Vorkommen Reinbestände in 900–2000 m Höhe auf feuchten Böden, im Mischwald, solitärer Parkbaum.

Wissenswertes Der im Herkunftsgebiet Kaukasus bis zu 60 m hohe, schnell wachsende Baum wurde ab 1840 zunächst in England kultiviert. Als **Weihnachtsbaum**, der später nadelt als andere Tannen und Fichten, wird er plantagenartig angepflanzt. Der Stamm ist bis zum Boden beastet.

WEISS-TANNE

WEISS-TANNE

COLORADO-TANNE

NORDMANN-TANNE

ABIES PROCERA J F M A M J J A **S** O N D

Pazifische Edel-Tanne

Merkmale Immergrüner Baum, bis zu 30 m hoch. Nadeln **sehr dicht**, **bogig gekrümmt**. Zapfen **bis zu 25 cm lang** und 9 cm dick, **spitze Deckschuppen lang ausgezogen**.

Vorkommen Parks, Gärten (oft 'Glauca', **silbrig-blaugrün**).

Wissenswertes Dieser eindrucksvoller Baum (auch **Nobilis-Tanne** genannt) besitzt die größten Zapfen unter den Tannen. In ihrer Heimat (westliches Nordamerika) wird sie bis zu 80 m hoch und über 600 Jahre alt. Die bürstenartig dicht benadelten, haltbaren Zweige werden gern für Adventsgestecke verwendet.

ABIES GRANDIS J F M A M J J A **S** O N D

Riesen-Tanne

Merkmale Immergrüner Baum, bis zu 40 m hoch. Nadeln bis zu 6 cm und **stets ungleich lang**, Blattrand **umgeschlagen**. Knospen harzig. Zapfen dicker als bei Weiß-Tanne.

Vorkommen Parks, Forste.

Wissenswertes Die Riesen-Tanne ist einer der größten Nadelbäume der Erde mit Höhen bis zu 100 m. Bei uns bleibt sie wesentlich niedriger. Das schnellwachsende Holz ist minderwertig und wird zu Papier verarbeitet. Nadeln duften nach **Mandarine**.

ABIES PINSAPO J F M A M J J A S **O** N D

Spanische Tanne

Merkmale Immergrüner Baum, bis zu 25 m hoch. Knospen stark verharzt. Nadeln steif, bilden **Zweige wie Bürsten**.

Vorkommen Parks, Gärten.

Wissenswertes Diese Tanne kommt wild nur in Südostspanien in Höhen zwischen 1000 und 1800 m vor. Dort versucht man die natürlichen Bestände zu schützen, auch vor Waldbränden. Beliebtes Ziergehölz, auch in der blaugrünen Sorte 'Glauca'.

ABIES KOREANA J F M A M J J A S **O** **N** D

Korea-Tanne

Merkmale Immergrüner Baum, bis zu 10 m hoch. Nadeln **recht breit**, unten 2 weiße Bänder. Zapfen an Jungbäumen.

Vorkommen Parks, Gärten.

Wissenswertes Die kleine Korea-Tanne ist wegen ihrer auffälligen männlichen Blüten (hellrosa), der **rotvioletten Zapfen** und langsamem Wuchs ein beliebter Zierbaum, auch für kleine Flächen. Wurde 1905 auf der koreanischen Insel Quelpart entdeckt.

PAZIFISCHE EDEL-TANNE

RIESEN-TANNE

SPANISCHE TANNE

KOREA-TANNE

TSUGA CANADENSIS J F M A M J J A **S** **O** N D

Kanadische Hemlocktanne

Merkmale Immergrüner Baum, bis zu 30 m hoch. Stamm zimtbraun. Nadeln ungleich groß, flach, **hinten breiter als vorne**, in 2 Reihen. Zapfen sehr klein, **kurz gestielt**, **runde Schuppen**.

Vorkommen **Parks**, selten in Forsten.

Wissenswertes Felsige und feuchte Schluchten im östlichen Nordamerika sind die natürlichen Standorte dieser Hemlocktanne. 1730 gelangte sie als attraktiver Parkbaum nach Europa. Das weiche, harzfreie Holz wird zu Papier verarbeitet. Da es nahezu astfrei ist und gut hohe Temperaturen sowie wechselnde Luftfeuchtigkeit verträgt, ohne sich zu verwerfen, ist es das Holz für den Saunabau schlechthin. Schnittverträglich.

TSUGA HETEROPHYLLA J F M A M J J A **S** **O** N D

Westliche Hemlocktanne

Merkmale Immergrüner Baum, bis zu 40 m hoch. Stamm zimtbraun. Nadeln ungleich groß, flach, **überall gleich breit**, in 2 Reihen. Zapfen sehr klein, **sitzend**, **zugespitzte Schuppen**.

Vorkommen Parks, selten in Forste, **weniger häufig** als Kanadische Hemlocktanne.

Wissenswertes Ihrem Namen entsprechend ist diese Hemlocktanne in den feuchten Gebirgswäldern im westlichen Nordamerika beheimatet, wo sie bestandsbildend ist. Dort erreicht sie Wuchshöhen von bis zu 60 m. Seit 1851 findet man sie als Parkbaum in Europa. Schnellwüchsig.

PSEUDOTSUGA MENZIENSII J F M A M J J **A** **S** **O** N D

Douglasie

Merkmale Immergrüner, bis zu 65 m hoher Baum. Nadeln **weich**, biegsam, beim Verreiben **nach Orange duftend**. Zapfen zimtbraun, hängend, mit **dreispitzigen Schuppen**.

Vorkommen In **Forsten**, Parks, Gärten.

Wissenswertes Einer der mächtigsten Großbäume! Das harte, witterungsbeständige Holz der Douglasie (auch **Douglastanne**, -fichte, -kiefer genannt) eignet sich für Balkonbretter, Terrassenböden, Gartenhäuser und andere Bauten im Freien. Da Douglasien rasch wachsen liefern sie pro Forstfläche doppelt so viel Holz wie Fichten – daher ist der aus dem westlichen Nordamerika stammende Baum bei uns der häufigste, nichtheimische Forstbaum. In ihrer Heimat erreichen die Bäume über 100 m Höhe, der höchste Baum Deutschlands ist ebenfalls eine Douglasie (»Waldtraut vom Mühlwald«, 63,5 m im Stadtwald von Freiburg). Vor Waldbränden schützt die dicke Borke.

KANADISCHE HEMLOCKTANNE

WESTLICHE HEMLOCKTANNE

DOUGLASIE

PICEA ABIES J F M A M J J A **S O N** D

Gewöhnliche Fichte

Merkmale Immergrüner Baum, bis zu 50 (70) m hoch, Krone regelmäßig **kegelförmig.** Stamm gerade, Rinde kupferbraun (Name **Rot-Fichte**). Nadeln **stechend spitz**. Zapfen **hängend**, bis zu 15 cm lang.

Vorkommen Bestandsbildend (rein oder mit Tannen, Vogelbeeren) in **Gebirgen**, als Forstbaum auch in tiefer gelegenen Wäldern.

Wissenswertes Die Fichte ist bei uns der häufigste Baum. Ihr nicht witterungsbeständiges Holz wird von der Dachlatte bis zur Wandvertäfelung der rustikalen Bauernstube eingesetzt. Fast alle Balken, Sparren und Brettschichthölzer sind aus Fichte. In Monokulturen geforstet, versauern die Nadeln den Boden. Daher wird sie heute bevorzugt in Mischwäldern gepflanzt. Nadellose Fichtenzweige fühlen sich rau an, da beim Abfallen der Nadeln Höcker zurückbleiben. Fichtensamen sind wichtige Winternahrung für zahlreiche Tiere (Mäuse, Eichhörnchen, Spechte, Fichtenkreuzschnabel). Flachwurzler.

PICEA OMORICA J F M A M J J A **S O** N D

Serbische Fichte

Merkmale Immergrüner Baum, bis zu 30 m hoch. **Äste bis zum Boden**. Nadeln **abgeflacht**, **nicht stechend**, unten silbrig. Zapfen hängend, bis zu 6 cm lang, harzig.

Vorkommen Gärten, Parks, Friedhöfe.

Wissenswertes Wegen ihres **säulenähnlichen Wuchses** ist die anspruchslose Serbische Fichte, die im Tara-Gebirge (Balkan) heimisch ist, ein beliebtes Gartengehölz (auch als Zwergform 'Nana'). Die Nadeln sind von einer Wachsschicht umgeben, daher ist der Baum unempfindlich gegen Luftschadstoffe und wird kaum von Schädlingen befallen. Wurde erst 1877 zum ersten Mal botanisch beschrieben.

PICEA PUNGENS J F M A M J J A **S O** N D

Stech-Fichte

Merkmale Immergrüner Baum, bis zu 30 m hoch. Nadeln **vierkantig**, **sehr spitz**, starr, **sichelförmig gebogen**. Zapfen hängend, bis zu 10 cm lang, **Schuppen gezähnt**, **harzig**.

Vorkommen Parks, Gärten.

Wissenswertes Die in Gärten häufig anzutreffende **Blau-Fichte** ist eine Sorte ('Glauca') der Stech-Fichte, die das städtische Klima gut verträgt. Modebaum der 1960er und 1970er Jahre. Lange Zeit exklusiver Weihnachtsbaum, dessen Nadeln lange am Baum bleiben. Heimat im westl. Nordamerika, kam 1860 nach Europa.

GEWÖHNLICHE FICHTE

GEWÖHNLICHE FICHTE

SERBISCHE FICHTE

STECH-FICHTE

PICEA ORIENTALIS — J F M A M J J A **S** **O** N D (Blüte: M; Zapfen: S, O)

Kaukasus-Fichte

Merkmale Immergrüner Baum, bis zu 50 m hoch. Nadeln **extrem kurz** (nur 1 cm lang), anliegend, dicht, **nach vorne weisend**. Zapfen 5–9 cm lang, **unreif violett**, sehr harzig.

Vorkommen Parks, Gärten.

Wissenswertes Diese langsam wachsende Fichte kommt wie die Nordmann-Tanne aus den Gebirgen Kleinasiens (Name). Dieser sehr harzreiche Baum zeigt oft Harztropfen an Zweigen und Zapfen, ihr Holz hat keine forstwirtschaftliche Bedeutung. Wegen des gleichmäßigen Nadelbilds ist sie aber ein attraktiver Parkbaum.

PICEA SITCHENSIS — J F M A M J J **A** **S** O N D (Blüte: M; Zapfen: A, S)

Sitka-Fichte

Merkmale Immergrüner Baum, bis zu 35 m hoch. Nadeln **sehr dünn**, **stechend**. **Zapfen hellbraun** bis gelblich, bis zu 8 cm lang, **Schuppen papierartig gewellt**.

Vorkommen In **Forsten Norddeutschlands**, auch Parks.

Wissenswertes Diese Fichte ist die höchste und schnellwüchsigste Fichtenart, sie wird in ihrer Heimat (schmaler Küstenstreifen von Kalifornien bis Alaska) bis zu 80 m hoch und ist ein wichtiger Forstbaum. Benannt nach der Stadt Sitka (Alaska). Bildet produktive Wälder mit Douglasien und Hemlocktannen. Das leichte, zähe Holz wird zu Resonanzdecken für Gitarren und Streichinstrumente verarbeitet. Zusammen mit der Douglasie brachte der schottische Botaniker D. Douglas 1831 auch die Sitka-Fichte nach Europa. Braucht zum Gedeihen feuchteres Klima, etwa in Gewässernähe.

PICEA GLAUCA 'CONICA' — J F M A M J J A S O N D (Blüte: A, M)

Zuckerhut-Fichte

Merkmale Immergrüner Baum, 1,5–3 m hoch. Krone regelmäßig kegelförmig (wie ein **Zuckerhut**). Nadeln weich, bis zu 1 cm lang, hellgrün bis bläulichgrün, **sehr dicht**.

Vorkommen Gärten, Parks, Steingärten, Friedhöfe.

Wissenswertes 1904 wurde am Lake Laggan in Kanada diese auf natürliche Weise entstandene Zwergform der dort heimischen Weiß- oder **Schimmel-Fichte** (*P. glauca*) entdeckt. Wegen ihres jährlichen Zuwachses von nur 2–10 cm findet man sie häufig auf kleinen Flächen, etwa in kleinen Vorgärten, Balkon-, Kübel- und Grabbepflanzungen. Bildet nur selten Zapfen mit Samen, aus denen sich aber normalwüchsige Wildformen entwickeln.

KAUKASUS-FICHTE

SITKA-FICHTE

ZUCKERHUT-FICHTE

SEQUOIA SEMPERVIRENS J F M A M J J A **S O N** D

Küsten-Sequoie

Merkmale Immergrüner Baum, bis zu 50 m hoch. Nadeln **verschieden:** an Langtrieben kurz und anliegend, an Kurztrieben **bis zu 2 cm lang**, spitz, oben glänzend, **in 2 Reihen**. Zapfen eiförmig, Schuppen **reif weit aufspreizend**.

Vorkommen Parks, Gärten in **wintermilden Gebieten**.

Wissenswertes Auch dieser Baum stammt wie viele »Riesen«-Baumarten aus dem westlichen Nordamerika, wo er Wuchshöhen von bis zu 120 m erreicht und über 1500 Jahre alt wird. Das rötliche, schön gemaserte Holz (Redwood) lässt sich gut schnitzen und ist weltweit für Möbel und Konstruktionen (Dachstühle, Brücken) begehrt. Um die stark reduzierten Bestände der Küsten-Sequoie (auch **Küsten-Mammutbaum**) zu bewahren, steht sie in vielen Gebieten ihrer Heimat unter Naturschutz.

METASEQUOIA GLYPTOSTROB. J F M A M J J A S O **N D**

Urweltmammutbaum

Merkmale **Sommergrüner Baum**, bis zu 35 m hoch. Stamm **tief eingekehlt** unter Ästen. Kurztriebe **gegenständig**. Nadeln **bis zu 3 cm lang**, flach, weich. Zapfen kugelig, bis zu 3 cm.

Vorkommen Parks, Gärten.

Wissenswertes Der in unzugänglichen Gebieten Chinas beheimatete Urweltmammutbaum (*Metasequoia glyptostroboides*, auch **Chinesisches Rotholz** genannt) gilt als lebendes Fossil: 1940 wurden Blattreste eines Mammutbaums der Tertiärzeit gefunden, wenige Jahre später dann lebende Exemplare dieses scheinbar ausgestorbenen Baumes. Ungewöhnlich auch, dass die männlichen gelben Blüten in langen Rispen herab hängen. Im Herbst färben sich die **Nadeln orange** und fallen zusammen mit den Kurztrieben ab.

TAXODIUM DISTICHUM J F M A M J J A S **O N D**

Sumpfzypresse

Merkmale Sommergrüner Baum, bis zu 50 m hoch. Kurztriebe **wechselständig**. Nadeln **bis zu 2 cm lang**, dünn, hellgrün, im Herbst rotbraun. Zapfen kugelig, bis zu 3 cm.

Vorkommen Am **Teichufer von Parkanlagen**.

Wissenswertes Die Sumpfzypresse ist typisch für die Sumpfgebiete der Everglades (Florida), wo sie zeitlebens in sumpfig-nassen Böden steht. Wie Mangroven bildet sie daher zur Sauerstoffversorgung sogenannte Atemknie aus, die als bis zu 1,5 m lange Luftwurzeln aus dem Boden herausragen. Ihre Vorfahren wuchsen vor 15 Millionen Jahren auch bei uns, Braunkohlebildner.

KÜSTEN-SEQUOIE

URWELTMAMMUTBAUM

SUMPFZYPRESSE

CRYPTOMERIA JAPONICA J F M A M J J A S **O** **N** D

Sicheltanne

Merkmale Immergrüner Baum, bis zu 20 m hoch. Nadeln **stets sichelförmig gebogen**, spitz, bis zu 2,5 cm lang. Zapfen kugelig, bis zu 3 cm, Schuppen mit **hakenförmigen Dornen**.

Vorkommen Parks, große Gärten.

Wissenswertes Die stattliche Sicheltanne mit den einzigartigen Nadeln liefert in Japan und China das typisch asiatische Holz für Möbel und Sake-Fässern. Dort ist dieser Baum ein häufiger Forstbaum, der bis zu 70 m hoch wird.

TAXUS BACCATA J F M A M J J A **S** **O** **N** D

Eibe

Merkmale Immergrüner Baum oder Strauch, bis zu 15 m hoch. Triebe weich. Nadeln bis zu 3 cm lang, tannenähnlich, aber unten **ohne weiße Streifen**. Samen dunkel, von **rotem Samenmantel** umgeben. **Sehr giftig**!

Vorkommen Parks, Gärten, Friedhöfe, städtisches Grün, selten wild (nur noch in Mittelgebirge und Alpen).

Wissenswertes Die heimische Eibe bildet keine Zapfen, sondern leuchtend rote Samenmäntel (Scheinbeeren) aus. Alle Pflanzenteile, außer dem roten Samenmantel, enthalten Alkaloide und sind sehr giftig, auch für viele Tiere (Pferde etwa). Das harzfreie, harte und dennoch elastische Holz wurde früher für Bögen (Taxus von gr. taxon = Bogen; auch »Ötzi« trug einen Eibenholzbogen), Armbrüste und Werkzeuge verwendet. Dieser frühere Raubbau ist mit dafür verantwortlich, warum Eiben in unseren Wäldern so selten sind. Wird über 2000 Jahre alt. In Hecken schnittverträglich.

ARAUCARIA ARAUCANA J F M A M J J A S **O** N D

Chilenische Araukarie

Merkmale Immergrüner Baum, bis zu 50 m hoch. Äste **in Quirlen**. **Nadeln breit**, starr und spitz, **spiralförmig angeordnet**. **Zapfen groß**, bis zu 17 cm dick, rund.

Vorkommen Parks, Gärten, botanische Sammlungen.

Wissenswertes Mit seinen Ästen, die wie stacheligen Schlangen aussehen, ist dieser Baum unverkennbar. Er stammt aus den südamerikanischen Anden Chiles und Argentiniens, wo er in über 1500 m Höhe urtümlich erscheinende Wälder bildet. Bei uns 1705 eingeführt, gedeiht die Araukarie (auch **Andentanne** genannt) nur in wintermilden Gebieten. Es gibt männliche und weibliche Bäume; die bis zu 4 cm langen Samen sind essbar (Pinones).

SICHELTANNE

EIBE

CHILENISCHE ARAUKARIE

CEDRUS ATLANTICA J F M A M J J A **S** **O** N D

Atlas-Zeder

Merkmale Immergrüner Baum, bis zu 40 m hoch. Äste **steil aufwärts**. Nadeln **bläulichgrün**, bis zu 3 cm lang, steif, **zu 20–40 in Büscheln**. Zapfen tonnenförmig, **bis zu 7,5 cm lang**.

Vorkommen Parks, Gärten.

Wissenswertes Die Atlas-Zeder stammt aus dem nordafrikanischen Atlas-Gebirge. Da sie selbst im hohen Alter bis zum Boden beastet ist, war sie besonders in den 1970er und 1980er Jahren ein beliebter Hausbaum, insbesondere die **Blaue Atlas-Zeder** (Sorte 'Glauca') mit den stark bereiften, stark bläulichen Nadeln. Das dauerhafte Zedernholz wurde im Schiffsbau und für Tempel verwendet. Blüht wie alle Zedern im Herbst.

CEDRUS LIBANI J F M A M J J A **S** **O** N D

Libanon-Zeder

Merkmale Immergrüner Baum, bis zu 35 m hoch. Stamm mächtig. **Hauptäste steil aufragend** und **etagenförmig** sich ausbreitend. Nadeln dunkelgrün, bis zu 3,5 cm lang, **zu 10–20 in Büscheln**. Zapfen tonnenförmig, **bis zu 10 cm lang**.

Vorkommen **Parks** in wintermilden Gebieten.

Wissenswertes Aus dem Nahen Osten stammend ist auch diese berühmte Zeder bei uns ein beliebter Parkbaum. Zedernholz war im 16. Jh. ein hoch geschätztes Holz, etwa in Venedig, und es bedurfte manch diplomatischem Austausch mit den Herkunftsländern, um es zu erhalten. Das Holz der Zedern duftet nur leicht aromatisch. Im Handel erhältliche duftende »Zedernhölzer« (auch Cedar) stammen ebenso wie »Zedernöle« von verschiedenen Zypressengewächsen (*Juniperus*-, *Thuja*-Arten).

CEDRUS DEODARA J F M A M J J A S O **N** **D**

Himalaja-Zeder

Merkmale Immergrüner Baum, bis zu 25 m hoch. Krone breit pyramidenförmig, **Gipfeltrieb überhängend**. Nadeln dunkelgrün, **bis zu 6 cm lang, zu 20–30 in Büscheln**. Zapfen tonnenförmig, **bis zu 12 cm lang**.

Vorkommen Parks, Gärten in wintermilden Gebieten.

Wissenswertes Bis in 3000 m Höhe wächst die Himalaja-Zeder im westlichen Himalaja-Gebirge von Afghanistan bis Nepal. Die Blüten werden bei allen Zedern schon im Herbst vom Wind bestäubt und im Folgejahr befruchtet. Die Zapfen sind dann ein weiteres Jahr später reif und zerfallen am Baum. Da Zedern oft sehr individuell am jeweiligen Standort wachsen, sind besonders alte Bäume am Wuchs oft schwer zu erkennen.

ATLAS-ZEDER

LIBANON-ZEDER

HIMALAJA-ZEDER

PINUS CEMBRA

J F M A M J J A S **O** N D

Zirbel-Kiefer

Merkmale Immergrüner Baum, bis zu 20 m hoch. Nadeln **zu 5 in Büscheln**, bis zu 10 cm lang, weich. Zapfen eiförmig, aufrecht, 5–13 cm lang, reif zimtbraun.

Vorkommen **Hochgebirge** (Alpen) bis in 3000 m Höhe (Baumgrenze).

Wissenswertes Die Zirbel-Kiefer (auch **Arve**) ist ein typischer Baum der Hochgebirge. Dort nimmt sie im Alter manchmal bizarre Wuchsformen an (knorrige Wetterbäume). Ebenso bizarr geformt ist das wertvolle Holz, aufgrund der engen Jahrringe ein beliebtes Schnitz- und Möbelholz in den Alpen. Bestände örtlich stark dezimiert. Die Samen (Zirbelnüsse) sind sehr schmackhaft, wichtige Nahrung für den Tannenhäher.

PINUS STROBUS

J F M A M J J **A** **S** O N D

Weymouths-Kiefer

Merkmale Immergrüner Baum, bis zu 50 m hoch. Nadeln **zu 5 in Büscheln**, dünn, bis zu 12 cm lang, am Zweigende **pinselartig**. Zapfen **sehr schmal**, hängend, am Zweigende.

Vorkommen Parks, Gärten, früher Forstbaum.

Wissenswertes Bis vor etwa 100 Jahren und dem Auftreten eines Rostpilzes war diese aus dem östlichen Nordamerika stammende Kiefer (auch **Strobe**) bei uns ein beliebter Forstbaum. In ihrer Heimat wird sie bis zu 80 m hoch und 500 Jahre alt. Dort dezimierten die europäischen Siedler die natürlichen Bestände stark, denn sie verwendeten das harzreiche, duftende Holz (White Pine) für ihre Haus- und Möbelbauten. 1705 brachte Lord Weymouth die Weymouths-Kiefer nach England.

PINUS SYLVESTRIS

J F M A M J J A **S** **O** N D

Wald-Kiefer

Merkmale Immergrüner Baum, bis zu 40 m hoch. Wuchs sehr variabel. Nadeln **zu 2 beisammen**, blaugrün, **oft gedreht**. Zapfen bis zu 6 cm lang, **Schuppen weit klaffend**.

Vorkommen Nadel- und Laubmischwälder bis 1600 m Höhe.

Wissenswertes Die Wald-Kiefer (auch **Föhre**) hat unter den Kiefern das weiteste Verbreitungsgebiet. Der anspruchslose Baum bedeckte nach der letzten Eiszeit bei uns weite Landstriche, ist Pioniergehölz wie die Birke. Forstlich angebaut. Das sehr schön gefärbte Holz (gelber Spint, roter Kern) ist beliebtes Konstruktions-, Dielenboden- und Möbelholz. Im Mittelalter diente das harzreiche Holz als Beleuchtung (Kienspäne, daher auch Name Kiefer).

ZIRBEL-KIEFER

WEYMOUTHS-KIEFER

WALD-KIEFER

PINUS NIGRA J F M A M J J A **S O N** D

Schwarz-Kiefer

Merkmale Immergrüner Baum, bis zu 30 m hoch. Rinde **schwarzgrau** (Name), Äste **kandelaberartig aufsteigend**. Nadeln zu 2 beisammen, **dunkelgrün**, bis zu 15 cm lang. Zapfen bis zu 7 cm lang, **waagerecht abstehend**.

Vorkommen Bergwald, Parks, Gärten.

Wissenswertes Zahlreiche geografische Unterarten (Österreichische, Korsische, Pyrenäen-Schwarz-Kiefer, etc.), die in lokal begrenzten Gebieten vorkommen. Das harzreiche gelbliche Holz wird nur selten genutzt. Durch Anschneiden wird das Harz für die Herstellung von Terpentin und festem Kolophonium (Geigenharz) gewonnen. Schnell wachsend, sturmfest, Flachwurzler.

PINUS MUGO J F M A M J J A S **O N** D

Berg-Kiefer

Merkmale Immergrüner Strauch (bis zu 3m) oder selten Baum (bis zu 25m). Äste **biegsam**. Nadeln **zu 2 beisammen**, **etwas gekrümmt**, steif. Zapfen kegelförmig.

Vorkommen Gebirge, Geröllhänge, Bergmoore, bis 2500 m Höhe.

Wissenswertes Je nach Standort sieht die Berg-Kiefer unterschiedlich aus: Baumförmig wächst sie in den Westalpen als **Haken-Kiefer**, auf sauren Moorböden als **Spirke**. Mit niederliegenden Ästen bildet sie als **Latsche**, **Leg-Föhre**, **Krummholz-Kiefer** den Krummholzgürtel der Alpen oberhalb der Waldgrenze. Dort schützt sie vor Lawinen, die reich verzweigten Wurzeln vor Bodenerosion. Die elastischen Äste ertragen große Schneelasten. Latschenkiefernöl wird aus Nadeln und jungen Trieben gewonnen. Zuchtformen in Gärten.

PINUS PARVIFLORA J F M A M J J A S O N D

Mädchen-Kiefer

Merkmale Immergrüner Baum, bis zu 8 m hoch. Nadeln **zu 5 in Büscheln**, bis zu 7 cm lang, innen blauweiß bewachst, gekrümmt, verdreht. Zapfen bis zu 7 cm lang, harzig, ledrig, zu 2–4 beisammen.

Vorkommen Parks, Gärten, **Japangärten**.

Wissenswertes Die aus Japan stammende Mädchen-Kiefer mit der flaschenbürstenartigen Benadelung ist ein beliebter Baum für kleine Gartenbereiche, Kübelkultur und Bonsai. Zahlreiche Gartensorten, auch blaugrüne. In ihrer Heimat wächst sie auf feuchten Böden in den Bergen, wo sie bis zu 30 m hoch wird. Die Zapfen bleiben mehrere Jahre am Baum.

SCHWARZ-KIEFER

BERG-KIEFER

MÄDCHEN-KIEFER

LARIX DECIDUA J F M A M J J A **S O N** D

Europäische Lärche

Merkmale **Sommergrüner Baum**, bis zu 40 m hoch. Nadeln weich, **zu 20–40** in Büscheln, **bis zu 3 cm lang**. Zapfen bis zu 4 cm lang, Samenschuppenrand **nicht umgebogen**, reif braun.

Vorkommen **Hochgebirge** bis in 2500 m Höhe, auch Parks.

Wissenswertes Die Lärche ist einer der wenigen Nadelbäume, deren Laub **im Herbst goldgelb** wird und dann abfällt (Name decidua = abfallend). Die Europäische Lärche ist ein Hochgebirgsbaum der Alpen, der nur durch die menschliche Forstaktivität in tiefer gelegene Regionen gelangte. Das sehr harzreiche Holz ist witterungsbeständig und wird gern im Außenbereich (Fassadenverschalungen, Balkongeländer, Terrassenbeläge, Carports) verwendet.

LARIX KAEMPFERI J F M A M J J A **S O N** D

Japanische Lärche

Merkmale **Sommergrüner Baum**, bis zu 30 m hoch. Nadeln weich, **blaugrün**, **zu 30–60** in Büscheln, **bis zu 3,5 cm lang**. Zapfen bis zu 3,5 cm lang, Samenschuppenrand **umgebogen**.

Vorkommen In Forsten, Parks, Gärten.

Wissenswertes Diese aus den japanischen Bergen Hondos stammende Lärche (daher auch **Hondo-Lärche**) wächst viel rascher und liefert höhere Holzerträge als die heimische. Wird in küstennahen Forsten, aber auch in Deponie- und Industriegeländen gepflanzt. Das Holz wird meist als Furnier oder Möbelholz verwendet. Reife Zapfen bleiben noch jahrelang am Baum. Hybrid-Lärche (*Larix* × *eurolepis*) ist eine spontane Kreuzung zwischen Europäischer und Japanischer Lärche.

JUNIPERUS COMMUNIS J F M A M J J **A S O** N D

Gewöhnlicher Wacholder

Merkmale Immergrüner, meist säulenförmiger Strauch, bis zu 5 m hoch. Nadeln stechend, bläulich grün, **zu 3 in Wirteln**. Blüten klein. Beerenzapfen kurz gestielt, unreif grün, reif schwarzblau, bereift, **stark duftend**. Leicht giftig.

Vorkommen Heide, Magerweide, lichte Nadelwälder.

Wissenswertes Als »Zypresse des Nordens« ist der Gewöhnliche Wacholder typisch und landschaftsprägend für die Wacholderheiden im Norden und auf der Schwäbischen Alb. Die langsam wachsenden Sträucher sind äußerst genügsam, liefern die würzigen Wacholderbeeren für Gin, Fisch- und Fleischgerichte. Kann mehrere 100 Jahre alt werden. In Gärten und Parks verschiedene Züchtungen.

EUROPÄISCHE LÄRCHE

EUROPÄISCHE LÄRCHE

JAPANISCHE LÄRCHE

GEWÖHNLICHER WACHOLDER

JUNIPERUS VIRGINIANA J F M A M J J A **S O N** D

Virginischer Wacholder

Merkmale Immergrüner Baum oder Strauch, bis zu 17 m hoch. Blätter **schuppig-stechend**, eng anliegend oder abstehend. Beerenzapfen **blau bereift** reifen im 1. Jahr. Giftig.

Vorkommen Parks, **Gärten**.

Wissenswertes Diese größte Wacholderart erreicht in ihrer nordamerikanischen Heimat Wuchshöhen von bis zu 30 m. Dort ist sie ein beliebter Forstbaum, während sie bei uns wegen ihres langsamen Wuchses ein Zwergehölz geblieben ist, das deutlich kleiner bleibt. 1664 in Europa eingeführt. Häufig gepflanzt die säulenförmige Sorte 'Skyrocket'. Mit typisch würzigem Wacholderduft. Weil aus dem dauerhaften, leicht zu bearbeitenden Holz Bleistifte hergestellt werden, wird er auch **Bleistiftzeder** genannt. Die blau bereiften Beerenzapfen sind im Winter begehrt von Seidenschwänzen.

JUNIPERUS SABINA **J F M A** M J J A S **O N D**

Sadebaum

Merkmale Immergrüner Strauch, bis zu 2 m hoch. **Äste liegend**. Junge Blätter nadelförmig, abstehend, ältere schuppenförmig anliegend. Beerenzapfen schwarz, hellblau bereift. **Sehr giftig**!

Vorkommen Auf Felshänge, **Bergwiesen**, -wälder, als Zierpflanze in **Gärten**, städtischen Anlagen und auf Friedhöfen.

Wissenswertes Beim Verreiben verströmen die Blätter einen unangenehmen Geruch (daher auch **Stink-Wacholder** genannt). Enthält besonders in den Zweigspitzen hochgiftige ätherische Öle, die bei Berührung zu Blasenbildung und nach Verzehr zum Tod führen. Wie viele Wacholderarten Wirtspflanze vom Birnengitterrost, einem Pilz, der Birnenblätter befällt.

JUNIPERUS CHINENSIS J F M A M J J A S O N D

Chinesischer Wacholder

Merkmale Immergrüner Strauch, bis zu 3 m hoch. **Junge Blätter nadelförmig**, abstehend, ältere schuppenförmig **in 4 Längszeilen**. Beerenzapfen braun, mehlig bereift. Giftig.

Vorkommen Parks, Gärten.

Wissenswertes Dieser aus den Gebirgen Chinas, Koreas und Japans stammende Wacholder ähnelt dem Virginischen Wacholder. Allerdings reifen seine zunächst blaugrünen Beerenzapfen **erst im 2. Jahr**. Häufiges Ziergehölz, dank unzähliger Sorten und Hybriden mit einer enormen Formenvielfalt von säulen- bis breitwüchsig.

VIRGINISCHER WACHOLDER

SADEBAUM

CHINESISCHER WACHOLDER

CHAMAECYPARIS LAWSONIANA J F M A M J J A **S** **O** N D

Lawsons Scheinzypresse

Merkmale Immergrüner Baum, bis zu 60 m hoch. Gipfeltrieb überhängend. **Blüten rot**. Zapfen kugelig, aus **6–8 Schuppen**, blauweiß bereift, reif rotbraun, verholzt.

Vorkommen Gärten, Parks, Friedhöfe.

Wissenswertes In ihrer Heimat im westlichen Nordamerika ist dieser an nasse Winter und nebelreiche Sommer angepasste Nadelbaum (auch **Oregonzeder**) ein wichtiger Forstbaum, dessen harzfreies Holz für viele Zwecke, u. a. für japanische Tempel als Ersatz für das rare Hinoki-Holz (*C. obtusa*) verwendet wird. Zerriebene Zweige duften **aromatisch**. Bei uns gehört dieser anspruchslose Baum (in Europa eingeführt 1894) zu den am häufigsten gepflanzten Ziergehölzen; zahlreiche Sorten wie die blaugrüne 'Glauca'.

CHAMAECYPARIS NOOTKATENSIS J F M A M J J A **S** **O** N D

Nootka-Scheinzypresse

Merkmale Immergrüner Baum, bis zu 35 m hoch. Triebe herabhängend. **Blüten gelb**. Zapfen kugelig, aus **4–6 Schuppen mit Dorn**, blaugrün, reif braun, verholzt.

Vorkommen Gärten, Parks.

Wissenswertes In den 1970er und 1980er Jahren war bei uns die hängende Form 'Pendula' mit den weichen, schlaffen Trieben eine Modepflanze, die in vielen Gärten gepflanzt wurde. Zerrieben duften die Zweige **nach Terpentin**. Aus dem pazifischen Nordamerika stammend; dort werden die Bäume bis zu 1000 Jahre alt. Das Holz der langsam wachsenden Bäume ist unter den Namen Yellow Ceder oder Alaska Ceder ein wertvolles Möbel- und Furnierholz.

CUPRESSUS SEMPERVIRENS J F M A M J J A S **O** N D

Mittelmeer-Zypresse

Merkmale Immergrüner Baum, bis zu 25 m hoch. Schuppenblätter nur 1 mm groß. Blüten gelb. Zapfen kugelig, **bis zu 4 cm groß**, grün, dann rötlichbraun.

Vorkommen Parks, Gärten.

Wissenswertes Mit diesen säulenförmig wachsenden Zypressen (auch Italienische oder **Echte Zypresse** genannt) verbindet man die Landschaften am Mittelmeer (Toskana, Provence). Da sie dort auch als Symbol der Trauer gelten, werden sie gern auf Friedhöfen gepflanzt. Bei uns findet man den relativ frostempfindlichen Baum seltener. Das beständige Holz war schon in der Antike für Bauten und Schiffe begehrt, heute Möbelholz.

LAWSONS SCHEINZYPR.

NOOTKA-SCHEINZYPRESSE

MITTELMEER-ZYPRESSE

THUJA OCCIDENTALIS J F M A M J J A **S** **O** N D

Abendländischer Lebensbaum

Merkmale Immergrüner Baum, bis zu 20 m hoch. Wuchs schmal kegelförmig. Schuppenblätter **mattgrün**, mit Wachsdrüsen. Zapfen länglich, 8–10 Schuppen. **Giftig**.

Vorkommen Gärten, Parks, **Hecken**, Friedhöfe.

Wissenswertes Dieser Lebensbaum (1536 in Europa eingeführt) ist bei uns eine typische Heckenpflanze, da sie das ganze Jahr über dicht und zudem schnittverträglich ist. In ihrer ostamerikanischen Heimat bildet sie undurchdringliche flussbegleitende Wälder. Zerriebene Zweige duften nach **Apfel und Gewürznelke**. Holz für Schiffe, Einbäume der nordamerikan. Ureinwohner, Bauten. Heilpflanze, Tinktur zur Behandlung von Warzen.

THUJA PLICATA J F M A M J J **A** **S** O N D

Riesen-Lebensbaum

Merkmale Immergrüner Baum, bis zu 30 m hoch. Schuppenblätter **glänzend grün**, unten weißlich. Zapfen länglich, **8–12 dornig-spitze Schuppen**.

Vorkommen Parks, größere Gärten.

Wissenswertes Das witterungsbeständige Holz des Riesen-Lebensbaums, der in seiner Heimat im westlichen Nordamerika ein mächtiger, bis zu 60 m hoher und 600 Jahre alter Baum ist, wurde für Totempfähle, Kanus und Einbäume verwendet. Heutzutage für Segelmasten, mottensichere Schränke, Gewächshäuser und 100 Jahre lang haltbare Schindeln. Bei uns forstliche Anbauversuche, etwa in Österreich. Zerriebene Zweige duften nach **Ananas**.

SEQUOIADENDRON GIGANTEUM J F M A M J **J** **A** S O N D

Riesenmammutbaum

Merkmale Immergrüner Baum, bis zu 90 m hoch. Borke schwammartig, **fuchsrot**. Schuppenblätter **spitz**, bis zu 1 cm lang. Zapfen eiförmig, hängend, **bis zu 6 cm lang**.

Vorkommen **Parks**, botanische und Schlossgärten.

Wissenswertes Die bis zu 3000 Jahre alten Mammutbäume sind die mächtigsten Baumpersönlichkeiten der Erde. Jedes der größten Exemplare (General Sherman, Washington, General Grant) im amerikan. Sequoia National Park liefern so viel Holz wie ein halber Hektar Fichtenforst. Bei uns trifft man diese erstaunlich schnell wachsenden Bäume sogar als kleine Waldinseln an, insbesondere in Baden-Württemberg (Stuttgart 1864 von König Wilhelm I., Weinheim 1870, Heidelberg 1876). Blätter duften **zerrieben nach Anis**.

ABENDLÄNDISCHER LEBENSBAUM

RIESEN-LEBENSBAUM

RIESENMAMMUTBAUM

PAULOWNIA TOMENTOSA J F M A M J J A **S** O N D

Blauglockenbaum

Merkmale Bis zu 20 m hoher, sommergrüner Baum. **Blätter riesig**, gegenständig, bis zu 30 cm lang, herzförmig, beidseitig behaart. **Blüten blauviolett**, glockenförmig, kurz blühend, in 30 cm langen Rispen.

Vorkommen **Parks**, städtische Anlagen und Gärten.

Wissenswertes Die **Paulownie** verdankt ihren Namen der russischen Prinzessin Anna Paulowna (1795–1865). Der Blauglockenbaum zählt zu den am schnellsten wachsenden Laubbäumen, braucht dazu aber sonnige und nährstoffreiche Bedingungen. Obwohl man den Blauglockenbaum hauptsächlich als Zierbaum mit außergewöhnlich blauvioletten Blüten antrifft, wird auch bei uns wie in seiner chinesischen Heimat versucht, ihn als Energie- und Nutzholz in Plantagen zu pflanzen.

CATALPA BIGNONIOIDES J F M A M J J A S O **N** D

Trompetenbaum

Merkmale Bis zu 20 m hoher, sommergrüner Baum, oft schiefer Stamm. Blätter gegenständig, bis zu 20 cm lang, herzförmig, unten weich behaart, langstielig. **Blüten weiß** in aufrechten Rispen. **Kapselfrüchte** zigarrenförmig.

Vorkommen Parks, städtische Anlagen, botanische Gärten.

Wissenswertes Als eine der letzten Baumarten treibt der auffällige Trompetenbaum erst spät im Frühjahr seine großen Blätter aus, die schon früh im Herbst fallen. Ein gelbes Farbmal in den auffälligen Blüten wechselt auf Rot, wenn diese bestäubt sind und keinen Nektar mehr produzieren. Die rotblinden Insekten fliegen sie dann nicht mehr an.

VISCUM ALBUM J F M A M J J A S O **N** D

Laubholz-Mistel

Merkmale Immergrüner Strauch, **kugelig** und dicht, bis zu 1 m im Durchmesser. Blätter gegenständig, länglich, gelblichgrün, ledrig. **Früchte weiß**, erbsengroß, giftig.

Vorkommen **Halbschmarotzer** auf Laubbäumen wie Pappeln, Weiden, Birken in Gewässernähe, auch auf Kastanien, Hainbuchen, Obstbäumen.

Wissenswertes Die Mistel ist eine alte Heilpflanze und gilt als Glücksbringer und Fruchtbarkeitssymbol. Ihre Senkwurzeln entnehmen dem Leitgewebe des Wirtsbaumes nur Wasser mit den darin gelösten Mineralstoffen. Die Früchte sind beliebte Winterkost von Vögeln. Da sie klebrig sind, bleiben sie gern an den Schnäbeln hängen und werden an Ästen abgeputzt, wo sie keimen.

BLAUGLOCKENBAUM

BLAUGLOCKENBAUM

TROMPETENBAUM

LAUBHOLZ-MISTEL

BUXUS SEMPERVIRENS J F M A M J J **A** **S** O N D

Buchsbaum

Merkmale Immergrüner Strauch, mehrstämmiger Baum oder **Hecke**, bis zu 7m, dicht belaubt. Blätter gegenständig, klein. Blüten unauffällig gelb.

Vorkommen **Gärten**, Parks, städtische Anlagen, lichte Wälder.

Wissenswertes Beliebtes Gartengehölz als niedrige **Beeteinfassung** (Bauerngärten) oder fantasievoll zu Kugeln, Spiralen oder Figuren geschnitten. Das in Rinde und Blättern enthaltene Buxin soll gegen Schnecken wirken. Sehr langsam wachsendes, extrem hartes Holz, wurde gern zu Weberschiffchen oder Schubladenlaufleisten verarbeitet, auch für Klarinetten und Flöten geschätzt. Die Verwendung als Büchsenschaft gab der Art wahrscheinlich den Namen.

MYRTUS COMMUNIS J F M A M J J A **S** O N D

Myrte

Merkmale Bis zu 5m hoher, sommergrüner Strauch. Blätter gegenständig, klein, dunkelgrün, derb. **Blüten weiß**, **intensiv duftend**. Beeren blau, 12mm.

Vorkommen Gärten, Gewächshäuser (Bonsai, **Kübelpflanze)**.

Wissenswertes Schon früh wurde die Myrte in Brautschmuck eingearbeitet und erhielt den Beinamen **Brautmyrte**. Die größte Myrte Deutschlands steht in Weinheim; sie ist aus dem Brautstrauß der Helene Freudenberg (1879) gewachsen. Die sehr angenehm duftenden Blätter, Beeren und das Öl werden seit jeher als Gewürz, Likör, in der Medizin oder bei der Parfümherstellung genutzt.

CORNUS MAS J F M A M J J **A** **S** O N D

Kornelkirsche

Merkmale Bis zu 6m hoher, sommergrüner Strauch, breitkronig. Blätter gegenständig, eiförmig zugespitzt, oben glänzend, unten in den Nervenwinkeln behaart. **Blüten gelb**, winzig, zu vielen in Dolden. Früchte rot, essbar.

Vorkommen Waldränder, **Feldgehölz**, Straßengehölz, Gärten.

Wissenswertes Schon vor dem Laubaustrieb entfaltet die Kornelkirsche (auch **Gelber Hartriegel**) ihre Blüten und gehört zu den ersten Bienenweiden im Jahr. Die süß-säuerlichen Früchte wurden zu Marmelade, Saft oder Wein verarbeitet. Wegen dem geringen Fruchtfleischanteil überlässt man sie heute lieber den Vögeln. Wurfspeer und Lanzenschaft von »Ötzi«, der bekannten Gletschermumie aus der Kupferzeit, waren aus diesem zähen Holz.

BUCHSBAUM

MYRTE

KORNELKIRSCHE

KORNELKIRSCHE

CORNUS SANGUINEA J F M A M J J A **S** O N D

Roter Hartriegel

Merkmale Sommergrüner Strauch, bis zu 5 m hoch. Blätter gegenständig, mit welligem Rand. **Blüten weiß**, in dichten **Schirmrispen**. **Steinfrüchte schwarzblau**, kugelig.

Vorkommen Waldränder, Hecken, Straßenränder, Gärten, Parks.

Wissenswertes Seinen Namen hat dieser Hartriegel vom purpurroten Herbstlaub und den im Winter sonnenseits rot leuchtenden Zweigen. Wegen seinem weitverzweigten Wurzelwerk, das den Boden gut zusammen hält, wird dieser Strauch gern in Hanglagen gepflanzt. Das harte, schwer spaltbare Holz eignet sich für Spazierstöcke, Lanzenschäfte und Torriegel (Name Hartriegel). Bei vielen Vögeln beliebtes Nistgehölz an fließenden Gewässern, da er gern dickichtartig wächst. Die Blüten riechen streng. Die Früchte sind ungenießbar.

CORNUS ALBA J F M A M J J A **S** O N D

Weißer Hartriegel

Merkmale Sommergrüner Strauch mit **roter Rinde**, bis zu 3,5 m hoch. Blätter gegenständig, eiförmig zugespitzt, oben hellgrün, **unten blaugrün**. **Blüten weiß**, zu 10–30 in 3–5 cm breiten Schirmrispen. **Steinfrüchte weiß**, kugelig.

Vorkommen Gärten und Parkanlagen.

Wissenswertes Dieser aus Nordasien stammende Hartriegel (deswegen auch **Tatarischer Hartriegel** genannt) wächst schnell, ist winterhart und pflegeleicht. Auf lehmigen, schweren Böden gedeiht er besonders gut. In Nordeuropa wurde er eingebürgert, bei uns ist er ein Ziergehölz. Im Herbst färbt sich sein Laub attraktiv bunt, während die weißen, ungenießbaren Beeren noch bis in den Winter an den Zweigen hängen. Sie werden gerne von Amseln gefressen.

CORNUS FLORIDA J F M A M J J A **S** **O** N D

Blumen-Hartriegel

Merkmale Bis zu 6 m hoher, sommergrüner Strauch. Blätter gegenständig, im Austrieb gelblichgrün, später mattgrün, unterseits weißlich. Blüten klein, **gelblich**, mit 4 weißen oder rosa Hochblättern. **Steinfrüchte rot**.

Vorkommen Parkanlagen, Gärten.

Wissenswertes Die **auffälligen Hochblätter** sind kein Bestandteil der Blüte, sondern Hüllblätter (Brakteen). Sie schützen die unscheinbaren Blüten und locken Insekten an. Im Herbst färbt sich das Laub dieses dekorativen, schattentoleranten Zierstrauches tiefrot. Heimat Nordamerika.

ROTER HARTRIEGEL

WEISSER HARTRIEGEL

BLUMEN-HARTRIEGEL

SYRINGA VULGARIS J F M A M J J A **S** **O** N D

Gewöhnlicher Flieder

Merkmale Sommergrüner Strauch, 2–6 m hoch, Stamm oft drehwüchsig. Blätter gegenständig, herzförmig, lang gestielt. **Blüten violett**, **blau oder weiß** in dichten, endständigen Rispen. Kapselfrüchte bräunlich, holzig.

Vorkommen **Gärten**, verwildert an Waldrändern, Bahndämmen.

Wissenswertes Seit dem 16. Jahrhundert wurde der aus Vorderasien stammende Flieder wegen seiner Blütenpracht und dem **guten Duft** gern in Bauerngärten gepflanzt. Nur Insekten mit langem Rüssel gelangen an den tief in den Blüten verborgenen Nektar. Heute gibt es von diesem beliebten Ziergehölz rund 800 verschiedene Gartenformen. Aus seinem türkischen Name »Lilac« wurde »lila« abgeleitet. Vorher gab es für die hellviolette Blütenfarbe keine deutsche Bezeichnung.

LIGUSTRUM VULGARE J F M A M J J **A** **S** **O** N D

Gewöhnlicher Liguster

Merkmale Strauch oder **Hecke**, bis zu 5 m hoch, auch **wintergrün**. Blätter gegenständig, mit kräftiger Mittelrippe. **Blüten weiß**, zu vielen in bis zu 8 cm langen Rispen, duftend. **Steinfrüchte glänzend schwarz**.

Vorkommen Gärten, **städtische Anlagen**, Feldgehölz, Waldrand.

Wissenswertes Der schnittverträgliche Liguster ist eine beliebte Gartenhecke, die vielen Singvögeln einen sicheren Nistplatz und wertvolle Nahrung bietet. Die biegsamen Zweige wurden früher als Flechtwerk genutzt. Bevorzugte Wirtspflanze des Ligusterschwärmers. In allen Teilen giftig.

LONICERA NIGRA J F M A M J J **A** **S** O N D

Schwarze Heckenkirsche

Merkmale Sommergrüner Strauch, 1–2 m hoch, Zweige graubraun. Blätter gegenständig, gestielt, elliptisch, oben glänzend, unten heller graugrün. Blüten weiß bis hellrosa. **Doppelbeeren schwarz**, **blau bereift**, 8–10 mm dick, giftig.

Vorkommen **Bergwälder**, in Höhenlagen von 600–2000m.

Wissenswertes Dieser Strauch ist eine Halbschatten- oder Schattenpflanze, die oft in der Gesellschaft mit Himbeere, Holunder und Hasel wächst. Wegen den giftigen Beeren wird die Schwarze Heckenkirsche auch Hunds- oder Teufelsbeere genannt. Vögel fressen gern diese Beeren und verbreiten so die Samen mit ihrem Kot.

GEWÖHNLICHER FLIEDER

GEWÖHNLICHER LIGUSTER

GEWÖHNLICHER LIGUSTER

SCHW. HECKENKIRSCHE

LONICERA XYLOSTEUM J F M A M J **J A S** O N D

Rote Heckenkirsche

Merkmale Sommergrüner Strauch, 1–3 m hoch, reich verzweigt. Blätter gegenständig, **weich behaart**, kurz gestielt. **Blüte weiß**, zu 2 auf einem Stiel, duftend. **Doppelbeeren glänzend rot**, erbsengroß, schwach giftig.

Vorkommen Laub- und lichte Mischwälder, Hecken, zur Befestigung von Böschungen.

Wissenswertes Das im Alter schwindende Mark bewirkt hohle, rutenförmige Zweige, die zu langen Pfeifenrohren gedrechselt wurden. Aus dem harten Holz wurden Peitschenstiele und Holznägel gefertigt. Häufiges Ziergehölz, auch am Straßenrand. Die Blätter sind beliebte Raupennahrung, etwa vom Kleinen Eisvogel, die nektarreichen Blüten typische Schmetterlingsblumen.

LONICERA PERICLYMENUM J F M A M J J **A S** O N D

Wald-Geißblatt

Merkmale Sommergrüner Kletterstrauch, rechtswindend, bis zu 10 m hoch. Blätter gegenständig, **unten blaugrün**. Blüten mit 2-lippiger Krone, bis zu 6 cm lang, gelblichweiß, **vor dem Öffnen rosa**. **Beeren rot**, glänzend, giftig.

Vorkommen Lichte Mischwälder, sonnige Waldränder, Hecken.

Wissenswertes Die sich erst am Abend entfaltenden Blüten locken mit ihrem intensiven Duft langrüsselige Nachtfalter (Schwärmer) von weither an. Diese Pflanze klettert mit seinen biegsamen Trieben Bäume und Sträucher hinauf. Obwohl sie die Gastpflanze nicht erwürgen können, hinterlassen die verholzenden Triebe Schnürfurchen. In der Eifel werden so entstandene schraubenähnliche Knotenstöcke verkauft.

LONICERA CAPRIFOLIUM J F M A M J J **A S** O N D

Jelängerjelieber

Merkmale Sommergrüner **Kletterstrauch**, rechtswindend, bis zu 5 m hoch. Blätter gegenständig, eiförmig, am Zweigende paarweise **zu Scheiben verwachsen**. Blüten stark duftend. Beerenfrüchte rundlich, rot, giftig.

Vorkommen Sonnige Waldränder, Hecken, Pergola-**Begrünung**.

Wissenswertes Die Wuchsrichtung der Triebe ist genetisch festgelegt und erfolgt ausschließlich im Uhrzeigersinn. Die Blüten wechseln ihre Farbe von Rosa bis Kupferrot beim Aufblühen über Reinweiß bei Vollblüte bis zu Gelblich beim Verblühen. Nur die reinweißen Blüten duften und locken Nachtschwärmer (Falter) an. Auch **Garten-Geißblatt** genannt.

ROTE HECKENKIRSCHE

WALD-GEISSBLATT

JELÄNGERJELIEBER

SYMPHORICARPOS ALBUS J F M A M J J A **S** O N D

Schneebeere

Merkmale Sommergrüner Strauch, 1–2 m hoch, **Triebe dunkel**. Blätter gegenständig, ca. 5 cm lang, oval bis rund, oben dunkelgrün, unten bläulichgrün. Blüten rosa, glockig, unauffällig. **Steinfrüchte weiß**, kugelig, ungenießbar.

Vorkommen Gärten, Parks, **Friedhöfe**, Auenwälder.

Wissenswertes Dieser anspruchslose, schnell wachsende Strauch (Heimat Nordamerika) hat sich seit dem Beginn des 20. Jh. schnell bei uns ausgebreitet. Seine typischen, strahlend weißen Früchte (»Knallerbsen«, »Knackbeeren«) erinnern an Schneebälle und knallen beim Zerplatzen. Die bei Drosseln (Amsel) beliebten Früchte verdanken die weiße Farbe keinem weißen Farbstoff, sondern der vollständigen Reflektion des Lichts. Für den Garten gibt es auch Hybriden und nah verwandte Arten, die durch hellrosa Früchte auffallen (z. B. Bastard-Korallenbeere *S. × chenaultii*).

BERBERIS THUNBERGII J F M A M J **J A S** O N D

Thunbergs Berberitze

Merkmale Sommergrüner Strauch, bis zu 1,5 m hoch, bedornt. Blätter gegenständig, bei Wildform grün, bei Gartenform meist **rotbraun**. Blüten gelb, Kelchblätter oft rot. **Beeren länglich**, scharlachrot, bis zu 1 cm, ungenießbar.

Vorkommen **Gärten**, Parks, Straßengrün, lichte Wälder.

Wissenswertes Die im 18. Jh. von dem Schweden Carl Peter Thunberg aus China und Japan eingeführte Berberitze gibt es in vielen Sorten mit unterschiedlichen Blattfarben von Gelb bis Dunkelrot. Dieser anspruchslose Strauch wird gern als niedrige Schnitthecke gepflanzt. Beliebte Bienenweide.

LOISELEURIA PROCUMBENS J F M A M J J **A S** O N D

Alpenazalee

Merkmale Immergrüner Zwergstrauch, bis zu 20 cm hoch. Blätter gegenständig, **glänzend**, eingerollt. Blüten trichterförmig, rosa.

Vorkommen Blanker Fels in den Alpen auf 1600–2400 m.

Wissenswertes Die Alpenazalee ist typisch für die Zwergstrauchheiden der Alpen oberhalb der Baumgrenze, in der verschiedene Heidekrautgewächse vorherrschen. Sie bildet wie viele Zwergsträucher **dichte Teppiche**, oft an windexponierten, winterkalten Graten. Winddürre und Frost können der widerstandsfähigen Pflanze genau so wenig schaden wie der Wildverbiss der Gämsen, der ihr Wachstum sogar eher fördert. Daher wird sie auch **Gämsheide** genannt.

SCHNEEBEERE

THUNBERGS BERBERITZE

ALPENAZALEE

CALLUNA VULGARIS J F M A M J J A **S** **O** N D

Besenheide

Merkmale Immergrüner Zwergstrauch, 10–80 cm hoch. Rinde rotbraun. Blätter gegenständig, schuppenartig in **4 geraden Reihen**, im Winter bräunlich. **Blüten rosa** in langen Trauben, meist zu einer Seite gerichtet.

Vorkommen Lichte Kiefernwälder, **Heide**, Moore, auch Gärten.

Wissenswertes Die Besenheide (auch **Heidekraut**) wächst nur auf sauren Böden, etwa in der **Lüneburger Heide**. Dort überzieht sie weite Flächen, die im Sommer rosa leuchten. Für die ausreichende Versorgung der Pflanze mit Nährstoffen sorgen Bodenpilze, mit denen die Besenheide in Symbiose lebt (Mykorrhiza). Für den Garten gibt es eine Vielzahl von Züchtungen mit unterschiedlichen Blatt- und Blütenfarben. Bienen sammeln den Nektar für Heidehonig, die Blätter werden von zahlreichen Schmetterlingsraupen (z. B. Bläulinge) gefressen.

ERICA TETRALIX J F M A M J J A **S** **O** N D

Glocken-Heide

Merkmale Immergrüner Zwergstrauch, 20–60 cm hoch. Blätter gegenständig, fein behaart, **nadelförmig**, in 4-zähligen Wirteln. **Blüten rosa**, zu 5–15 in bis zu 12 cm langen Trauben, bleiben verblüht lange am Zweig.

Vorkommen Feuchte Kiefernwälder und -heide, **Hochmoore**.

Wissenswertes Mit dem Rückgang von feuchten Heiden und Hochmooren, wo die Glocken-Heide oft bestandsbildend ist, wird dieser Zwergstrauch immer seltener. Größere Bestände gibt es oft nur noch in Naturschutzgebieten.

ERICA CARNEA J F M A M J J **A** **S** O N D

Schnee-Heide

Merkmale Immergrüner Zwergstrauch, bis zu 25 cm hoch. Blätter gegenständig, **nadelförmig**, zu 3–4 in Wirteln, weit eingerollt. Blüten klein, rosa, herabhängend.

Vorkommen Felshänge, Nadelwaldsaum, Gärten, **Grabbepflanzung**.

Wissenswertes Die Schnee-Heide legt schon im Spätsommer ihre Blüten an, die den Winter ohne Knospenschutz überstehen und sich direkt mit der Schneeschmelze öffnen. Auch ihre Wurzeln leben in Symbiose mit Bodenpilzen (Mykorrhiza). Schon vor dem Eiszeitalter sind *Erica*-Arten in die europäischen Gebirge eingewandert und gelten als botanische Relikte. Wertvolle **Bienenweide**. Im Garten steht sie als beliebter Dauerblüher oft monatelang in Blüte.

BESENHEIDE

GLOCKEN-HEIDE

SCHNEE-HEIDE

HELIANTHEMUM NUMMULARIUM J F M A M J J A S O N D

Gewöhnliches Sonnenröschen

Merkmale Kriechender, immergrüner Halbstrauch. Blätter gegenständig, **ledrig**. Blüten schalenförmig, gelb.

Vorkommen Sonnige Magerrasen, Hochgebirgsmatten, auch Steingärten.

Wissenswertes Die Blüten des Sonnenröschens öffnen sich bei Temperaturen ab 20 °C. Sie drehen sich mit dem Sonnenlauf, bleiben aber **nur einen Tag geöffnet**. Zahlreiche nachrückende Knospen erhalten die Blütenpracht aber über einen längeren Zeitraum. Als Rock Rose ist das Sonnenröschen Teil der Bachblüten-Notfalltropfen. Wegen der nur im unteren Teil verholzten Zweige gilt es als Halbstrauch. Zahlreiche Hybriden mit unterschiedlichsten Blütentönen von Weiß bis Ziegelrot für die Gartenkultur.

HYPERICUM CALYCINUM J F M A M J J A S O N D

Immergrünes Johanniskraut

Merkmale Immergrüner Halbstrauch, 20–60 cm hoch, **Triebe vierkantig**. Blätter gegenständig, ledrig, unterseits bläulich, durchscheinend punktiert wegen zahlreicher Öldrüsen. Blüten, bis zu 7 cm groß, gelb, schalenförmig, viele **rötliche Staubbeutel**.

Vorkommen Häufiger Bodendecker in Parks, Gärten, an Straßen, in öffentlichen Grünanlagen.

Wissenswertes Da das Johanniskraut auch im Winter seine Blätter behält, zudem in Sonne und Schatten blüht und starke Ausläufer bildet, wird es gern angepflanzt, auch zum Befestigen von Böschungen. Die Blüten öffnen sich um den Johannistag (24. Juni), was der Pflanze ihren Namen gab. Die Heimat dieser Johanniskrautart liegt in den kühlen Gebirgsregionen der Türkei. Ergiebige Bienenweide.

VINCA MAJOR J F M A M J J A S O N D

Großes Immergrün

Merkmale Immergrüner Halbstrauch, bis zu 30 cm hoch, **kriechende Zweige**. Blätter gegenständig, bis zu 9 cm. Blüten hellblau bis **violett**. Giftig.

Vorkommen Schattenverträglicher **Bodendecker**, Parks, Gärten.

Wissenswertes Ähnlich dem Kleinen Immergrün (*V. minor*), das häufig an Burgruinen und ehemaligen Burgplätzen zu finden ist. Früher wurden aus den langen Trieben Blumenkränze zum Tanz gebunden. Die in der Pflanze enthaltenen giftigen Indol-Alkaloide haben eine blutdrucksenkende Wirkung.

GEWÖHNLICHES SONNENRÖSCHEN

IMMERGRÜNES JOHANNISKRAUT

GROSSES IMMERGRÜN

SALVIA OFFICINALIS — J F M A M J J A S O N D (Blüte: J J)

Echter Salbei

Merkmale Immergrüner Halbstrauch, bis 50 cm hoch. Blätter gegenständig, unterseits weißfilzig. **Blüten hellblau** bis violett, 2-lippig.

Vorkommen Wegränder, Brachflächen, Gärten.

Wissenswertes Alte, **intensiv duftende** Küchen- und Heilpflanze, die in keinem Bauerngarten fehlte. Die Wirkstoffe in den Blättern wirken antibakteriell, schweißhemmend und krampflösend. Mit 700 Arten ist die Gattung Salbei die artenreichste in der Familie der Lippenblütler.

LAVANDULA ANGUSTIFOLIA — J F M A M J J A S O N D (Blüte: J J A)

Echter Lavendel

Merkmale Immergrüner Strauch, bis zu 1 m hoch. Blätter gegenständig. **Blüten blau**, lippenförmig, an langstieligen Ähren.

Vorkommen In **Gärten** an sonnigen, trockenen Standorten.

Wissenswertes Seit alters her sind die heilende Wirkung und die wohlriechenden Öle bekannt. Beliebt in der mediterranen Küche für Lamm- und Fischgerichte und Bestandteil der Kräutermischung »Herbes de Provence«.

ROSMARINUS OFFICINALIS — J F M A M J J A S O N D (Blüte: J J)

Rosmarin

Merkmale Immergrüner, dichter Strauch, bis zu 2 m hoch. **Blätter nadelförmig**, gegenständig. Blüten violett, 2-lippig.

Vorkommen Sonnige, trockene **Kräutergärten**.

Wissenswertes Zusammen mit anderen mediterranen Würz- und Heilpflanzen brachten Mönche den intensiv duftenden Rosmarin nach Mitteleuropa und kultivierten ihn in ihren Kräutergärten. Neben seiner heilenden Wirkung wird er auch in Fleisch- und Fischgerichten sowie in der Seifen- und Kosmetikproduktion verwendet.

THYMUS VULGARIS — J F M A M J J A S O N D (Blüte: M J J A S O)

Echter Thymian

Merkmale Immergrüner Halbstrauch, bis zu 40 cm, stark duftend. **Blätter klein**, gegenständig. **Blüten hellrosa** bis hellviolett.

Vorkommen In **Gärten**, selten verwildert.

Wissenswertes Thymian hat eine heilende Wirkung auf Lungen und Bronchien, wird aber auch bei Magen- und Darmbeschwerden eingesetzt sowie im Kräuterbad zur Durchblutungsförderung. Wild trifft man eher auf den nicht verholzenden Feld-Thymian (*T. pulegioides*).

ECHTER SALBEI

ECHTER LAVENDEL

ROSMARIN

ECHTER THYMIAN

MAGNOLIA STELLATA — J F M A M J J A S O N D (Blüte: M A)

Stern-Magnolie

Merkmale Sommergrüner Strauch, bis zu 5 m hoch. Blätter wechselständig, schmal, umgekehrt eiförmig. Blüten weiß, **sternförmig** geöffnet mit **angenehmem Duft**, bis zu 10 cm.

Vorkommen An geschützten Standorten in wintermilden **Gärten** und Parkanlagen.

Wissenswertes Unter den Magnolien ist dies der **zierlichste Strauch**. Er wächst sehr langsam. Weil er zudem schon von klein auf blüht, frosthart und schnittverträglich ist, eignet er sich bestens für kleine Gärten.

MAGNOLIA × SOULANGEANA — J F M A M J J A S O N D (Blüte: A M)

Tulpen-Magnolie

Merkmale Sommergrüner, breitkroniger Baum oder Strauch, bis zu 6 m hoch. Blätter wechselständig, ledrig, kurz gestielt, umgekehrt eiförmig mit kurzer Spitze, 12–20 cm lang. Auffallend **große Blüten**, rosa weiß auslaufend, aufrecht an den Zweigenden. Selten **zapfenförmige Sammelfrüchte**; die roten Samen hängen dann an langen Stielen heraus.

Vorkommen In **Gärten** und Parks in milden Gegenden.

Wissenswertes Die üppige Blütenpracht erscheint noch **vor dem Laubaustrieb**. Im Sommer kann es durchaus zu einer zweiten abgeschwächten Blüte kommen. Käfer bestäuben die Blüten. Magnolien gehören zu den ältesten Blütenpflanzen, die schon in der Kreidezeit existiert haben. Magnolien waren bis zur letzten Eiszeit bei uns heimisch und weit verbreitet. Die Tulpen-Magnolie stammt aus einer Kreuzung der asiatischen Purpur-Magnolie (*M. liliiflora*) und der Yulan-Magnolie (*M. denudata*). Schon bei leichtem Frost erfrieren die geöffneten Blüten.

TAMARIX PARVIFLORA — J F M A M J J A S O N D (Blüte: A M)

Kleinblütige Tamariske

Merkmale Sommergrüner Strauch oder kleiner Baum, bis zu 5 m hoch, locker verzweigt mit überhängenden Ruten. Am Zweig anliegende, wechselständige, **schuppenförmige Blätter**, bis zu 4 mm. Blüten vierzählig, hellrosa, in bis zu 4 cm langen Trauben.

Vorkommen Beliebtes Ziergehölz in Gärten, Parks und an **Straßenrändern**, an sonnigen Standorten.

Wissenswertes Da sie die erste Tamariskenart ist, die im Jahr blüht, heißt sie auch Frühlings-Tamariske. Das anspruchslose Gehölz wird zur Befestigung von Dünen oder sandigen Böschungen gepflanzt. Wie alle Tamarisken gedeiht sie auch auf salzigen Böden und erträgt Trockenperioden.

STERN-MAGNOLIE

TULPEN-MAGNOLIE

KLEINBLÜTIGE TAMARISKE

SALIX VIMINALIS

J	F	M	A	M	J	J	A	S	O	N	D
		●	●								

Korb-Weide

Merkmale Sommergrüner Großstrauch oder kleiner Baum, 2–10 m hoch, mit gelbbraunen, **biegsamen Zweigen**. Blätter wechselständig, schmal, unterseits silbrig behaart, am Rand eingerollt. Blütenkätzchen dick, rund, bis zu 3 cm lang; zweihäusig.

Vorkommen In Auenwäldern, an **Bachufern**, oft gepflanzt.

Wissenswertes Die über 2 m langen, in nassem Zustand nach Einlegen in Wasser biegsamen, unverzweigten Ruten, die sich leicht entrinden lassen, werden schon seit Menschengedenken zum Flechten von Körben, Sitzmöbeln und Erstellen von Weidenzäunen verwendet. Sie bilden sich insbesondere an regelmäßig geschnittenen Bäumen, die sich so zu den typischen **Kopfweiden** mit verdicktem Stamm entwickeln. Da Kopfweiden meist auch Totholzanteile besitzen, sind sie ökologisch wichtige Refugien für Insekten, Vögel und andere Tiere.

SALIX RETICULATA

J	F	M	A	M	J	J	A	S	O	N	D
					●	●	●				

Netz-Weide

Merkmale Sommergrüner Zwergstrauch mit kriechenden Stämmchen und liegenden Ästen, teppichbildend, bis zu 15 cm hoch. Blätter wechselständig, mit stark hervortretendem **Adernetz**. Blütenkätzchen aufrecht, erscheinen nach dem Laub.

Vorkommen Im **Hochgebirge** (Alpen) bis in 3000 m Höhe.

Wissenswertes Die Netz-Weide ist einer der kleinsten Gehölze der Erde. Diese robuste Pflanze besiedelt die extremen Lebensräume im Norden und Gebirge. Dort liegt die meiste Zeit des Jahres Schnee; dementsprechend kurz ist die sommerliche Vegetationsphase. Netz-Weiden wachsen sehr langsam, ihre schmalen Jahresringe sind nur unter dem Mikroskop zu sehen.

SALIX REPENS

J	F	M	A	M	J	J	A	S	O	N	D
			●	●							

Kriech-Weide

Merkmale Sommergrüner Kleinstrauch, bis zu 1 m. Blätter wechselständig, unterseits dicht behaart. Blütenkätzchen bis zu 1,5 cm lang.

Vorkommen In Moorgebieten, auf Nasswiesen, auch in **Dünen** und Heiden.

Wissenswertes Auch die Kriech-Weide ist ein Minigehölz mit **kriechenden Stämmen** und liegenden Ästen. In den Dünen der Nordseeküste legt dieses Gehölz den Sand endgültig fest. Diese Weide erträgt es auch, wenn sie immer wieder vom Sand der Wanderdünen überschüttet wird; ihr Stamm wächst dann unterirdisch weiter.

KORB-WEIDE

NETZ-WEIDE

KRIECH-WEIDE

ELAEAGNUS ANGUSTIFOLIA J F M A M J **J** **A** S O N D

Schmalblättrige Ölweide

Merkmale Sommergrüner, dicht verzweigter Strauch oder kleiner Baum, bis zu 7 m, mit kräftigen Dornen, **Stamm oft verdreht**. Blätter wechselständig, schmal. Blüten gelblich, stark duftend. **Früchte unscheinbar**, silbriggelb, oval, bis zu 2 cm lang.

Vorkommen In **Parks**, auch verwildert an Ufern, Waldrand.

Wissenswertes Das aus West- und Zentralasien stammende Gehölz bildet dichte Hecken, die einen hervorragenden Windschutz darstellen. Bienen und Hummeln besuchen gern die vierzähligen, kleinen Blüten. In ihrer Heimat werden die olivenähnlichen, mehlig süß schmeckenden Steinfrüchte zu Marmelade und Likör verarbeitet. Getrocknet eignen sie sich für Kuchen.

HIPPOPHAE RHAMNOIDES J F M A M J J A **S** **O** N D

Sanddorn

Merkmale Sommergrüner Strauch mit **dornigen Zweigen**, bis zu 5 m. Blätter wechselständig. Blüten klein, gelb. **Früchte orange**, beerenartig.

Vorkommen An Flussufern, Meeresküsten, felsigen Gebirgshängen, in den Alpen bis 1900 m Höhe, auch an **Straßen** (Autobahnen) und Dämmen.

Wissenswertes Die säuerlichen, saftigen Früchte, die fünfmal mehr Vitamin C als Zitrusfrüchte enthalten, ergeben schmackhafte Marmeladen und werden auch in der Naturheilkunde eingesetzt. Sie bleiben den Winter über an den Sträuchern hängen und sind wertvolle Kost für Drosseln, Stare, Fasane und andere Tiere. Zahlreiche Fruchtsorten. Da der Sanddorn sehr salzverträglich (Streusalz), windfest und lichtbedürftig ist, wird er gern an Straßenrändern gepflanzt. Dort breitet er sich stark aus.

FRANGULA ALNUS J F M A M J **J** **A** **S** O N D

Faulbaum

Merkmale Sommergrüner Strauch, bis zu 3 m hoch. Blätter wechselständig. Rinde **faulig riechend**. Blüten klein, weiß. Früchte erbsengroß, reif **glänzend schwarz**, giftig.

Vorkommen In Auenwäldern, Mooren, am **Waldrand**, an feuchten Standorten.

Wissenswertes Aus den Zweigen wurde früher Holzkohle gewonnen, die man fein gemahlen Schießpulver zusetzte (auch **Pulverholz** genannt). Die gut abgelagerte Rinde dient als Abführmittel und zum Färben. Wertvolles **Wildgehölz**: Blätter für die Zitronenfalterraupen, Blüten für Bienen, Fliegen und Käfer, Früchte für Vögel.

SCHMALBLÄTTRIGE ÖLWEIDE

SANDDORN

FAULBAUM

DAPHNE CNEORUM J F M A M J J **A** **S** O N D

Rosmarin-Seidelbast

Merkmale Immergrüner Kleinstrauch, bis zu 30 cm hoch, teppichbildend. **Blätter ledrig**, wechselständig. Blüten purpurrot. Steinfrüchte gelb bis rötlich, ledrig trocken. Sehr giftig!

Vorkommen Trockene Wälder, Waldrand, Bergwiese, auch in zahlreichen Sorten in **Steingärten**.

Wissenswertes Wie der nah verwandte Seidelbast ist auch diese Pflanze sehr giftig. Schon der Kontakt mit ihr kann zu Hautreizungen führen. In zusagenden Lebensräumen überzieht der Rosmarin-Seidelbast den Boden mit einem dichten, blütenübersäten Teppich, der zudem stark nach **Flieder und Nelken duftet**. Bienen lieben die Blüten, die Früchte werden von Vögeln und Ameisen gefressen.

DAPHNE MEZEREUM J F M A M **J** **J** A S O N D

Gewöhnlicher Seidelbast

Merkmale Sommergrüner Kleinstrauch, bis zu 1,2 m hoch. Blätter wechselständig, länglich. Blütenknospen **am Triebende gehäuft**, Blüten rosa oder weiß (Züchtungen). Steinfrüchte leuchtend rot, saftig, bis zu 1 cm. **Sehr giftig**!

Vorkommen In **Laubmischwäldern** der Mittelgebirge, Auenwälder, auch in Gärten und Parks.

Wissenswertes Schon im ausgehenden Winter fallen die leuchtend rosa, angenehm duftenden Blüten auf, die für Bienen so früh im Jahr eine wichtige Nahrungsquelle sind. Die giftigen Früchte sind bei Drosseln, Hänflingen und Bachstelzen beliebt. Schon kleinste Menge der Früchte führen beim Menschen zu lebensgefährlichen Vergiftungen. Schon nach dem Genuss von 4–5 Beeren treten Vergiftungserscheinungen auf. Für Kinder sind 10–12 Beeren tödlich. Auch Blätter und Rinde wirken hautreizend.

LYCIUM BARBARUM J F M A M J J **A** **S** **O** N D

Gewöhnlicher Bocksdorn

Merkmale Sommergrüner, dichter Strauch, bis zu 3 m hoch, Zweige kantig. Blätter wechselständig, variabel. **Blüten violett**. Beerenfrüchte rot, eiförmig, bis zu 2 cm lang. Giftig.

Vorkommen An Straßen, **Böschungen**, Dämmen, Mauern.

Wissenswertes Der Bocksdorn wurde im 18. Jh. aus China bei uns eingeführt. Da er Salz, Trockenheit, Hitze und Wind gut verträgt und gleichermaßen an sonnigen und schattigen Standorten wächst, eignet er sich zur Bepflanzung von Böschungen und Dämmen sowie als Straßenbegleitgrün. An vielen Orten verwildert.

ROSMARIN-SEIDELBAST

GEWÖHNLICHER SEIDELBAST

GEW. SEIDELBAST

GEW. BOCKSDORN

COTONEASTER TOMENTOSUS J F M A M J J A S O N D

Filzige Zwergmispel

Merkmale Sommergrüner Strauch, bis zu 2 m hoch. Blätter **unterseits dicht filzig** behaart, wechselständig. Blüten weiß bis rosa, unauffällig. Früchte rot, erbsengroß, ungenießbar.

Vorkommen In trockenen Laub- und Nadelwäldern, Gebüsche.

Wissenswertes Die Filzige Zwergmispel kommt hauptsächlich in Südosteuropa vor. Bei uns wächst sie wild in warmen **Eichenmisch- und Kiefernwäldern** Süddeutschlands, auch im Alpenvorland und Schweizer Jura, wo sie kalkhaltigen Boden anzeigt. In Gebüschen wächst sie gern in Gesellschaft von Schlehen und Kreuzdorn. An den tief in den Blüten verborgenen Nektar gelangen Bienen, Hummeln, Wespen, Wollschweber und Schwebfliegen. Die roten Früchte sind u. a. bei Amseln beliebt.

COTONEASTER HORIZONTALIS J F M A M J J A S O N D

Fächer-Zwergmispel

Merkmale Sommergrüner Strauch mit **flach ausgebreiteten Ästen**, bis zu 1,5 m hoch. Blätter wechselständig, mit feiner Spitze. Früchte rot, erbsengroß, leicht behaart.

Vorkommen In **Gärten** und Parks.

Wissenswertes Diese Zwergmispel fällt durch die typisch verzweigten Äste auf, die an Fischgräten erinnern. Sie stammt aus dem mittleren China, ist bei uns aber in Gärten verbreitet – 1. ist sie sehr robust und 2. das ganze Jahr über attraktiv. Im Herbst fallen die roten Blätter und reichlich Fruchtbehang auf. Die Vögel scheiden nach Darmpassage der Früchte die Samen aus, so dass dieses Gehölz bei uns auch verwildert vorkommt.

MESPILUS GERMANICA J F M A M J J A S O N D

Echte Mispel

Merkmale Sommergrüner Strauch oder kleiner Baum, 4–6 m hoch. Blätter wechselständig, leicht runzelig. Blüten weiß, bis zu 6 cm. **Früchte braun**, bis zu 3 cm groß, mit **5 freien Kelchzipfeln**.

Vorkommen Waldrand, alte Obstgärten, **Gebüsche**.

Wissenswertes Schon in der Antike wurde die Mispel im Mittelmeergebiet kultiviert, wie etwa die Wandgemälde in Pompeji zeigen. Von dort kam sie, trotz ihres deutschen Artnamens (*germanica*), erst mit den Römern über die Alpen. So findet man sie häufig in Kloster- und Bauerngärten. Die mehligen Früchte schmecken erst nach Frosteinwirkung und sind wichtige Nahrung für Vögel und Mäuse im Winter. Sie eignen sich zudem für Marmelade und Obstwein.

FILZIGE ZWERGMISPEL

FÄCHER-ZWERGMISPEL

ECHTE MISPEL

ECHTE MISPEL

CHAENOMELES SPECIOSA J F M A M **J** **J** A S O N D

Chinesische Scheinquitte

Merkmale Sommergrüner Strauch mit **starren Dornen**, bis zu 2 m hoch. Blätter wechselständig. Blüten rot, bei Zuchtsorten auch weiß, rosa oder orange, bis zu 4 cm. **Apfelfrüchte gelb** bis bräunlich.

Vorkommen In Parks und **Gärten** angepflanzt.

Wissenswertes Besonders zur Blütezeit ist der **sehr blütenreiche** Strauch ein attraktiver Zierstrauch. Ursprünglich stammt diese Scheinquitte, deren duftende Früchte an die der Quitte erinnern, aus Ostasien. Aus ihnen lassen sich Konfitüren herstellen. Blüht im Herbst oft ein zweites Mal. Häufig findet man auch die weniger ausladende **Japanische Zierquitte** (*C. japonica*).

CYDONIA OBLONGA J F M A M J J A S **O** **N** D

Quitte

Merkmale Sommergrüner Baum oder Strauch, bis zu 6 m hoch. Blätter wechselständig, filzig behaart, im Herbst gelb. **Blüten groß**, weiß. Früchte apfel- oder birnenförmig, **duftend**, filzig.

Vorkommen Kulturpflanze in Gärten.

Wissenswertes Reife Quitten duften intensiv fruchtig, auch im Zimmer ausgelegt. Sie enthalten viele Steinzellen und sind daher roh ungenießbar. Gekocht ergeben sie Quittenbrot, Saft, Marmelade und Gelee. Der weiße **Filzbelag der Früchte** lässt sich leicht abreiben. Die aus Westasien stammende Quitte wurde schon im Altertum in Südeuropa kultiviert und galt als Symbol für Liebe und Fruchtbarkeit. Bei uns gedeiht sie wegen ihres frostempfindlichen Holzes nur in wintermilden Gebieten.

PRUNUS LAUROCERASUS J F M A M J J **A** **S** **O** N D

Lorbeer-Kirsche

Merkmale Immergrüner Strauch oder Baum, bis zu 5 m hoch. Blätter wechselständig, ledrig, **glänzend grün**. Blüten weiß, in fingerlangen, **aufrechten Trauben**. **Früchte schwarzrot**, kugelig, erbsengroß. Giftig.

Vorkommen In Gärten, Parks, **Grünanlagen**.

Wissenswertes Die Lorbeer-Kirsche (auch **Kirschlorbeer**) ist ein beliebtes Ziergehölz wegen seiner überreichen Blütenfülle und den stets attraktiven Blättern, die beim Zerreiben nach Bittermandeln duften. Oftmals findet man gleichzeitig unreife (gelbe bis rote) und reife Früchte an den Zweigen. Weil fast alle Pflanzenteile Blausäure enthalten, sollte man Kinder auf die bestehende Vergiftungsgefahr (auch beim Pflücken von Blättern) hinweisen.

CHINESISCHE SCHEINQUITTE

QUITTE

QUITTE

LORBEER-KIRSCHE

VACCINIUM ULIGINOSUM J F M A M J J **A S** O N D

Gewöhnliche Rauschbeere

Merkmale Sommergrüner Zwergstrauch, bis zu 75 cm hoch. **Blätter blaugrün**, wechselständig. Blüten weiß oder rosa, glockenförmig. Beerenfrucht dunkelblau, erbsengroß.

Vorkommen Moore, lichte Nadelwälder, Zwergstrauchgebüsche in **Gebirgen bis 3000 m Höhe**.

Wissenswertes Die Rauschbeere ist eine typische **Moorpflanze**, die auf nassen, sauren Böden gedeiht. Der Saft der dunklen Früchte ist farblos. Beim Genuss der Beeren können rauschartige Zustände mit Erbrechen auftreten. Sie rühren vermutlich nicht von giftigen Inhaltsstoffen her, sondern sind auf eine Infektion der Beeren mit einem Pilz zurückzuführen. Diese Infektion ist frischen Früchten nicht anzusehen.

VACCINIUM VITIS-IDAEA J F M A M J **J A S O** N D

Preiselbeere

Merkmale Immergrüner Zwergstrauch, bis zu 30 cm hoch. Blätter wechselständig, derb. Blüten cremeweiß mit Rosa. Beerenfrüchte **unreif weißlich**, später leuchtend rot, **mit Kelchresten**.

Vorkommen In lichten **Nadelwäldern**, Mooren, Heiden.

Wissenswertes Aus den vitamin- und mineralstoffreichen, roh mehligen Früchten wird die typische Preiselbeermarmelade gemacht, die zu Wildgerichten gereicht wird. In den Alpen und in Skandinavien blühen und fruchten Preiselbeerbüsche sogar zweimal im Jahr. Um auf den sauren, basenarmen Böden ihres Lebensraumes überleben zu können, bedarf es einer Symbiose mit Pilzen (Mykorrhiza). Die nah verwandte nordamerikanische Großfrüchtige Moosbeere (*V. macrocarpon*) liefert die bekannten Cranberrys.

ANDROMEDA POLIFOLIA J F M A M J J A S O N D

Kahle Rosmarinheide

Merkmale Immergrüner Zwergstrauch, bis zu 40 cm hoch, kaum verzweigt. **Blätter stark eingerollt**, wechselständig. Blüten rötlich, krugförmig, an langen **rosa Blütenstielen**. Giftig.

Vorkommen In **Mooren**, auch angepflanzt in Heidegärten.

Wissenswertes Die Rosmarinheide ist nur wenig verzweigt und erinnert an kurze Zweige, die in den Boden gesteckt wurden. Sie ist eine der wenigen Heidekrautgewächse (Ericaceae), die giftig sind. Meist vermehrt sich die Rosmarinheide über am Boden entlang kriechende Sprosse, die Wurzeln schlagen, und nur selten über Samen. Wegen ihrer Vorliebe für Torfböden wird sie auch **Torfmyrte** genannt.

GEWÖHNLICHE RAUSCHBEERE

PREISELBEERE

PREISELBEERE

KAHLE ROSMARINHEIDE

RHODODENDRON HIRSUTUM J F M A M J J A S O N D

Bewimperte Alpenrose

Merkmale Immergrüner Strauch, bis zu 1 m hoch. Blätter wechselständig, **am Rand bewimpert**. Blüten rosarot, zahlreich an den Zweigenden, **Kelchblätter länglich**. Kapselfrüchte hart.

Vorkommen Auf **kalkhaltigen Böden**, lichte Bergwälder und Zwergstrauchheiden der nördlichen und südlichen Kalkalpen bis 2500 m Höhe.

Wissenswertes Die Bewimperte Alpenrose ist eine von mehreren Alpenrosen, die zur Blütezeit die Hänge der Alpen an der Waldgrenze mit einem rosaroten Teppich überziehen. Sie ist bestens an die schneereichen Winter angepasst und wächst wegen der kurzen Sommer nur langsam. Heute sind alle Alpenrosen geschützt, auch der **Almrausch**, wie diese Art gern genannt wird.

RHODODENDRON FERRUGINEUM J F M A M J J A S O N D

Rostblättrige Alpenrose

Merkmale Immergrüner Strauch, bis zu 1,5 m hoch. Blätter wechselständig, ohne Wimpern, **unterseits rostbraun**, **Blattrand eingerollt**. Blüten dunkel purpurrot, **Kelchblätter breiteiförmig**.

Vorkommen Auf **kalkarmen Böden**, in lichten Bergwäldern, Zwergstrauchheiden der Zentralalpen bis 2400 m Höhe.

Wissenswertes Diese Art ist neben der Bewimperten Alpenrose die häufigste Alpenrose. Beide kommen wegen der unterschiedlichen Ansprüche an den Boden so gut wie nicht gemeinsam vor: Die Rostblättrige Alpenrose, die auch **Echte Alpenrose** genannt wird und über 100 Jahre alt werden kann, finden Sie in den Zentralalpen. Häufig wächst sie auch in Gesellschaft mit Heidel-, Preisel- und Krähenbeeren.

GENISTA GERMANICA J F M A M J **J A S** O N D

Deutscher Ginster

Merkmale Immergrüner, stark bedornter Strauch, bis zu 60 cm hoch. Zweige kantig. Blätter wechselständig, Blattränder behaart. Blüten in bis zu 5 cm langen Trauben. Hülsenfrüchte dicht behaart.

Vorkommen Trockene lichte Wälder, sonnige Waldränder, Heiden, Magerwiesen, auf mageren, **kalkarmen Böden**.

Wissenswertes Die rutenförmigen verholzten Äste tragen bis zu 2 cm lange **Dornen**, während die hellgrünen, unverholzten Triebenden unbedornt sind. Die schwarzbraunen Hülsen beinhalten nur wenige linsenförmige Samen. Da diese das Alkaloid Cytisin enthalten, zählt der Deutsche Ginster zu den Giftpflanzen.

BEWIMPERTE ALPENROSE

ROSTBLÄTTRIGE ALPENROSE

DEUTSCHER GINSTER

GENISTA TINCTORIA J F M A M J J A **S O** N D

Färber-Ginster

Merkmale Sommergrüner, **dornenloser Strauch**, bis zu 1 m hoch. **Blätter fast kahl**, wechselständig. Blüten in Trauben am Triebende. Hülsenfrüchte bis zu 3 cm lang. Giftig.

Vorkommen **Lichte Wälder**, Heiden, Magerwiesen, Feldrain, auch in Gärten und Parks.

Wissenswertes Schon die Römer haben mit den Zweigen, Blättern und Blüten dieses Ginsters Wolle und Leinen leuchtend gelb gefärbt. Da alle Pflanzenteile giftig sind, werden sie nur von wenigen Tieren gefressen. In geringen Konzentrationen zeigen die enthaltenen Alkaloide jedoch heilende Wirkungen in homöopathischen Mitteln bei Kopfschmerzen und Verdauungsproblemen.

FAGUS SYLVATICA J F M A M J J A **S O** N D

Rot-Buche

Merkmale Sommergrüner, bis zu 30 m hoher Baum mit **bleigrauer**, **glatter Rinde**. Blätter wechselständig, am Rand gewellt. Männliche Blütenkätzchen hängend, weibliche Blütenköpfchen aufrecht. Nussfrüchte (**Bucheckern**) zu 2–4 in stacheliger Hülle.

Vorkommen Bestandsbildend in **Buchenwäldern**, gern auf kalk- und nährstoffreichen Böden, bis 1500 m Höhe.

Wissenswertes Rot-Buchen bilden eindrucksvolle Wälder, die mit dem kuppelförmigen Blätterdach wie eine Kathedrale wirken. Aus dem rötlichen Holz (Name) werden Möbel und Treppen, aber auch Sperrholz- und Spanplatten gefertigt. Die ölhaltigen Bucheckern ergeben ein delikates Speiseöl mit 90 % ungesättigten Fettsäuren! In Notzeiten lieferten sie auch Mehl zum Brotbacken. Roh sollte man Bucheckern nur mit Vorsicht genießen, denn sie enthalten auch Oxalsäuren. Früher trieb man Schweine und Vieh in die Buchenwälder, wo sie sich von Bucheckern ernährten (Hutewald). Auch für zahlreiche Waldtiere sind die Blätter, Früchte und verrottendes Laub wertvolle Nahrung. Ein Teil der braunen Blätter verbleibt über den Winter im Geäst.

FAGUS SYLVATICA 'ATROPUNICEA' J F M A M J J A **S O** N D

Blut-Buche

Merkmale Wie Rot-Buche, aber mit tief dunkelroten bis schwarzen Blättern, die wechselständig sind.

Vorkommen In Gärten und Parks (Zierform).

Wissenswertes Bei dieser Sorte der Rot-Buche verleihen die eingelagerten Farbstoffe (Anthocyan) den Blättern ihre dunkle Färbung. Je sonniger der Standort, umso intensiver fällt sie aus. Auch eine Trauerform ('Pendula') existiert.

FÄRBER-GINSTER

ROT-BUCHE

ROT-BUCHE

BLUT-BUCHE

EUONYMUS EUROPAEA J F M A M J J A S O N D

Gewöhnliches Pfaffenhütchen

Merkmale Sommergrüner, sparriger Strauch, 2–6 m hoch. Zweige mit 4 typischen **Korkleisten**. Blätter gegenständig, im Herbst kupferrot. Blüten unauffällig hellgrün. Kapselfrüchte **karminrot**. Alle Pflanzenteile **stark giftig**!

Vorkommen In Auenwäldern, an Wald- und Wegrändern, im Ufergebüsch; auch in Feldgehölz und Siedlungen.

Wissenswertes Die giftigen, vierfächerigen Früchte sind begehrtes Futter für Stare, Elstern, Rotkehlchen und andere Singvögel, die die von einem **orangefarbenen Mantel** umhüllten Samen weit verbreiten. Im Sommer ist der Strauch häufig von dem Gespinst der Gespinstmottenraupen überzogen. Früher wurden aus dem gelblichen, harten Holz Klaviermechaniken und mechanisch beanspruchte Teile, wie z.B. Spindeln, gedrechselt. Heute liefert die Pflanze Holzkohle zum Zeichnen. Auch **Gewöhnlicher Spindelbaum** genannt.

EUONYMUS LATIFOLIA J F M A M J J A S O N D

Breitblättriges Pfaffenhütchen

Merkmale Sommergrüner Strauch 1,5–5 m. Zweige ohne Korkleisten. Blätter gegenständig, groß, bis zu 15 cm lang. Blüten klein, gelbgrün. Kapselfrüchte karminrot, **kantig**, **fünffächerig**. **Stark giftig**!

Vorkommen Krautreiche Laubmischwälder, Waldrand.

Wissenswertes Nach dem Aufspringen gleichen die Kapselfrüchte einem Birett, der früheren Kopfbedeckung katholischer Pfarrer. So entstand der Gattungsname Pfaffenhütchen.

RHAMNUS CATHARTICA J F M A M J J A S O N D

Echter Kreuzdorn

Merkmale Sommergrüner, sparriger Strauch, bis zu 3 m, Zweige laufen in einem **Dorn** aus. Blätter gegenständig, mit bogigen Seitennerven. Blüten unscheinbar gelblichgrün. **Steinfrüchte erbsengroß**, schwarzviolett, in Büscheln. Giftig.

Vorkommen Am Waldrand, in **Hecken** und Feldgebüschen.

Wissenswertes Dieser Kreuzdorn ist Zwischenwirt des Hafer schädigenden Kronenrostes und wird deshalb in Feldnähe nicht geduldet. Er ist leicht zu verwechseln mit dem Faulbaum (S. 58), der aber wechselständige Blätter und keine Dornen hat. Die abführende Wirkung der Beeren wird medizinisch genutzt (purgare = lat. abführen, auch **Purgier-Kreuzdorn**). Aus den fast reifen Beeren lässt sich grüne Farbe gewinnen, die früher zum Einfärben von Leder, Papier und in der Malerei benutzt wurde.

GEWÖHNLICHES PFAFFENHÜTCHEN

GEW. PFAFFENHÜTCHEN

BREITBL. PFAFFENH.

ECHTER KREUZDORN

BUDDLEJA DAVIDII — J F M A M J J A S O N D

Sommerflieder

Merkmale Sommergrüner, dichter Strauch, bis zu 4 m. Blätter gegenständig, bis zu 25 cm, unterseits weißfilzig. Blüten in lila, blau, rosa, purpur oder weiß **an 30 cm langen Rispen**.

Vorkommen Zierstrauch in **Gärten** und Parks, **verwildert** auf Ödflächen, in Industrieanlagen, an Bahndämmen.

Wissenswertes Der **intensive Duft** der nektarreichen Blüten lockt zahlreiche Schmetterlinge an (auch **Schmetterlingsstrauch**). Schmetterlingsreichtum wird dadurch aber nicht gefördert, dieser ist vor allem von den Futterpflanzen der Raupen abhängig. Der wärmeliebende Sommerflieder ist in China beheimatet und hat sich seit dem Ende des 19. Jh. von England ausgehend auch bei uns verbreitet.

VIBURNUM LANTANA — J F M A M J J A S O N D

Wolliger Schneeball

Merkmale Sommergrüner Strauch mit rauen, kurz behaarten Trieben, bis zu 4m. **Blätter rau, runzelig**, gegenständig. Blüten weiß, zahlreich in schirmförmigen Rispen. Steinfrüchte anfangs grün, dann rot, **reif schwarz**, giftig.

Vorkommen Trockene Böschungen, Gebüsche, Wegränder.

Wissenswertes Die nach **Harn stinkenden Blüten** ziehen viele bestäubende Fliegen an. Da die Früchte sogar in einem Fruchtstand sehr unterschiedlich heranreifen, befinden sich darin gleichzeitig rote und schwarze. Anspruchsloser Strauch, der dank seiner stark behaarten Blätter auch Trockenheit sehr gut verträgt. Im Gegensatz zu den meisten Holzgewächsen bleiben die Knospen nackt, ohne schützende Knospenschuppen.

FORSYTHIA × INTERMEDIA — J F M A M J J A S O N D

Forsythie

Merkmale Sommergrüner Strauch, 2–4 m, Rinde olivbraun mit **Lentizellen**. Blätter gegenständig, oft nur im oberen Teil fein gesägt. Blüten kräftig gelb, üppig an den neuen Trieben.

Vorkommen Häufiger Zierstrauch in **Gärten**, Parks und öffentlichen Anlagen an sonnigen Standorten.

Wissenswertes Die frühe, gelbe Blütenpracht macht die Forsythie zu einem unverwechselbaren, beliebten Zierstrauch und ersten Frühlingsboten. Allerdings meiden Bienen, Hummeln und andere Blütenbestäuber den Strauch trotz nektar- und pollenreicher Blüten aus ungeklärten Gründen. Von der vor ca. 100 Jahren im Göttinger botanischen Garten entstandenen Kreuzung gibt es zahlreiche Gartensorten. Auch **Goldglöckchen** genannt.

SOMMERFLIEDER

WOLLIGER SCHNEEBALL

FORSYTHIE

FORSYTHIE

DEUTZIA GRACILIS J F M A M J J A S O N D

Zierliche Deutzie

Merkmale Sommergrüner Strauch, etwa 1 m hoch. Blätter gegenständig, behaart. **Blüten reinweiß**, 5-zählig, an aufrechten Rispen.

Vorkommen In Gärten, Parks, öffentlichen Anlagen.

Wissenswertes Als attraktiver Mai-Blüher, von dem es zahlreiche Sorten und Hybriden mit weißen, rosa und gefüllten Blüten oder gescheckten Blättern gibt, werden die anspruchslosen, üppig blühenden Deutzien nicht nur in Gärten, sondern auch gern in Grünanlagen gepflanzt. Die Blüten duften angenehm nach Honig. Die Heimat dieser Deutzie liegt in Japan, wo sie am Waldrand wächst. Wird auch **Maiblumenstrauch** genannt.

HYDRANGEA MACROPHYLLA J F M A M J J A S O N D

Echte Hortensie

Merkmale Sommergrüner Strauch, bis zu 1 m, Zweige dick. Blätter gegenständig, 10–20 cm, oft leicht glänzend. Blüten in großen **halbkugeligen Blütenständen**, weiß, rosa oder lila.

Vorkommen In Gärten, Parks, auf Friedhöfen; als Kübelpflanze.

Wissenswertes Die aus Ostasien eingeführte Pflanze wird in vielen Sorten kultiviert und daher auch **Garten-Hortensie** genannt. Neben halbkugeligen Blütenständen weisen diese Sorten auch ballförmige oder flache Schirmrispen auf. In Reaktion auf die Bodenqualität kann die Blütenfarbe von Blau auf sauren Böden über Hellviolett bis Rosa auf basischem Untergrund variieren. Um leuchtend blaue Blüten zu erreichen, wird dem Substrat gern Kali-Alaun beigegeben.

PHILADELPHUS CORONARIUS J F M A M J J A **S** **O** N D

Gewöhnlicher Pfeifenstrauch

Merkmale Sommergrüner Strauch, 1–3 m. Blätter gegenständig, ungleichmäßig gezähnt. **Blüten schalenförmig, groß**, cremeweiß, zu 5–7 in endständigen Trauben.

Vorkommen In **Gärten** und Parks, auch am Waldrand, selten verwildert.

Wissenswertes Seine in den Abendstunden **intensiv duftenden Blüten** haben dem aus Asien stammenden Pfeifenstrauch auch den Namen **Falscher** oder **Bauern-Jasmin** verliehen, obwohl er mit dieser Gattung nicht verwandt ist. Nicht nur Bienen und Insekten besuchen den frostharten Strauch, sondern auch Läuse, vor allem die Schwarze Bohnenlaus. Aus den hohlen Ästen schnitzte man früher Flöten und lange Schäfte für Tabakpfeifen.

ZIERLICHE DEUTZIE

ECHTE HORTENSIE

GEWÖHNLICHER PFEIFENSTRAUCH

POPULUS NIGRA J F M A **M J** J A S O N D

Schwarz-Pappel

Merkmale Sommergrüner Baum, bis zu 32 m hoch. **Rinde fast schwarz**, junge Äste hellgelb. Blätter wechselständig, **herzförmig**, **lang gestielt**. Blütenkätzchen lang, männliche rot, weibliche grün. Kapselfrüchte mit **wolligweiß behaarten Samen**.

Vorkommen In Auenwäldern, an Ufern, auch in **Alleen**.

Wissenswertes Wenn die Samen der Pappeln reif werden, liegen sie wie Wolle am Boden. Eine Pappel produziert pro Jahr etwa 26 Millionen Samen, die bis zu 15 km weit fliegen können. Sie müssen rasch einen zusagenden Standort gefunden haben, denn nach 2 Wochen sind sie nicht mehr keimfähig. Wenn der Blattstiel merkwürdig gewunden ist, so lebt darin die Spiralgallenlaus. In Alleen und Parks sowie um Sport- und Industrieanlagen wird häufig die **Italienische Pappel** (*P. n.* 'Italica') wegen ihres schlank säulenförmigen Wuchses gepflanzt. Das ist nicht ganz unproblematisch, besitzt dieser Baum brüchiges Holz (Windbruchgefahr) und wächst in Wasserleitungen.

POPULUS TREMULA J F M A **M** J J A S O N D

Zitter-Pappel

Merkmale Sommergrüner Baum, bis zu 25 m hoch. **Blätter rund**, wechselständig, Blattstiel seitlich zusammengedrückt. Blüten und Früchte ähnlich Schwarz-Pappel.

Vorkommen **Lichte Mischwälder**, sonnige Hänge, Böschungen und Waldränder; **Pioniergehölz** auf Brachen.

Wissenswertes Die Zitter-Pappel (auch **Espe**) erkennen Sie im belaubten Zustand schon von Weitem, denn die **Blätter zittern** beim kleinsten Lufthauch. Viele Insekten ernähren sich von dieser Pappel, die ökologisch als sehr wertvoll gilt. Zusammen mit der Birke und der Sal-Weide besiedelt sie brach liegende Flächen außerordentlich schnell. Aus dem Holz werden Zündhölzer, Obstkisten und Sperrholz hergestellt.

POPULUS × CANADENSIS J F M A **M J** J A S O N D

Kanadische Pappel

Merkmale Sommergrüner Baum, bis zu 30 m. Merkmale ähnlich Schwarz-Pappel, junge Äste gräulich, Blätter wechselständig.

Vorkommen In Auenwäldern, Plantagen, an **Straßen**.

Wissenswertes Hinter diesem Namen verbergen sich verschiedene Hybriden, die vor rund 200 Jahren in Frankreich aus der Kreuzung von Schwarz- und Rosenkranz-Pappel (*P. deltoidea*) entstanden sind. Ihre Wuchsleistung ist enorm und übertrifft die vieler Bäume; daher Plantagenbaum für Papierholz.

SCHWARZ-PAPPEL

ZITTER-PAPPEL

KANADISCHE PAPPEL

SALIX CAPREA

J F M A **M** **J** J A S O N D

Sal-Weide

Merkmale Sommergrüner Großstrauch oder kleiner Baum, bis zu 10 m hoch. **Blätter rundlich**, wechselständig. Blütenkätzchen sitzend, erscheinen vor dem Laub (**Palmkätzchen**). Fruchtkätzchen.

Vorkommen An Wald- und Wegrändern, Waldlichtungen, auch an Seeufern; **Pioniergehölz** z. B. in Steinbrüchen.

Wissenswertes Diese Weide ist die einzige Weidenart, die auch **auf trockeneren Böden** fern von Gewässern wächst. Zusammen mit Birke und Zitter-Pappel gehört die Sal-Weide zu den ersten Gehölzen, die auf brach liegendem Boden wachsen. Die pollenreichen Blütenkätzchen sind eine wertvolle Bienennahrung im zeitigen Frühjahr. Daher lassen Sie die Zweige bitte an den Gehölzen und verzichten auf Palmkätzchen zum Palmsonntag.

SALIX FRAGILIS

J F M A **M** **J** J A S O N D

Bruch-Weide

Merkmale Sommergrüner Baum, bis zu 15 m hoch. Zweige **brechen leicht mit knackendem Geräusch** ab (Name). Blätter wechselständig, jung klebrig. Blütenkätzchen lang gestielt.

Vorkommen An Bach- und **Flussufern**.

Wissenswertes Die Rinden aller Weiden enthalten Salicin, eine Vorstufe des wichtigen Schmerzmittels Salicylsäure. Die Bruch-Weidenrinde ist besonders wirksam. Das wussten schon die Heilkundigen in der Antike, die schon damals bei Schmerzen und Fieber **Weidenrinde** verwendeten. Die rund 30 bei uns heimischen Weiden lassen sich nur schwer voneinander unterscheiden – auch weil sie miteinander Bastarde bilden, so z. B. Bruch- und Silber-Weide. Beliebt als Uferbefestigung.

SALIX ALBA

J F M A **M** **J** J A S O N D

Silber-Weide

Merkmale Sommergrüner Baum, bis zu 20 m hoch. Junge Zweige graubraun, biegsam. Blätter wechselständig, lang zugespitzt, **unterseits weiß behaart**. Blütenkätzchen aufrecht. Fruchtkätzchen graufilzig, Samen winzig mit weißem Haarschopf.

Vorkommen Feuchte Niederungen, Auenwälder, an Ufern.

Wissenswertes Die biegsamen Zweigen eignen sich ebenso zu Flechtarbeiten wie die der Korb-Weide; daher gibt es auch von dieser Weide **Kopfweiden**. Die Silber-Weide ist die größte und häufigste heimische Weide; sie ist ein Charaktergehölz der Auenwälder. Die hohlen Stämme alter Bäume bewohnen Fledermäuse, Steinkäuze und andere Tiere. Besitzt weiches Holz.

SAL-WEIDE

SAL-WEIDE

BRUCH-WEIDE

SILBER-WEIDE

SALIX ALBA 'TRISTIS' J F M A M **J** J A S O N D

Trauer-Weide

Merkmale Sommergrüner Baum mit lang **herabhängenden Zweigen**, bis zu 12 m hoch. Blätter wechselständig, schmal, bis zu 17 cm lang. Blütenkätzchen meist gekrümmt.

Vorkommen In **Parks** und großen Gärten **an Ufern**.

Wissenswertes Es gibt vermutlich kein größeres Parkgewässer, an dessen Ufer nicht irgendwo eine Trauer-Weide steht und eine gewisse Melancholie ausstrahlt. Doch hinter dem Namen Trauer-Weide verbirgt sich eine verwirrende Vielfalt an möglichen Baumarten: Da wäre neben der genannten Sorte auch die Chinesische Trauer- oder Hänge-Weide (*S. babylonica*), die vor etwa 200 Jahren nach Europa eingeführt wurde. Napoleon z. B. ist unter dieser Weide begraben. Da sie bei uns aber wenig frosthart ist, wurde sie mit der Dotter-Weide oder der Silber-Weide gekreuzt. Die zahlreichen Kreuzungen ähneln sich sehr.

SALIX DAPHNOIDES J F M A M **J** **J** A S O N D

Reif-Weide

Merkmale Sommergrüner Baum, bis zu 10 m hoch. Zweige dick, **hechtblau bereift**. Blätter wechselständig, schmal, **ledrig**. Kätzchenblüten mit silbrigen Haaren. Kapselfrüchte.

Vorkommen An Bach- und Flussufern der Alpen bis 1500 m Höhe, an der Donau, Dünen der Ostsee, dort auch gepflanzt.

Wissenswertes Die früh aufblühenden Blütenkätzchen sind eine wertvolle Bienenweide. Im Alpenraum sind sie als **Palmkätzchen** an Palmsonntag beliebt. Häufig wird diese Weide auch zur Befestigung von Dünen und Böschungen gepflanzt. Heißt auch **Schimmel-Weide**, da die Rinde zweijähriger Äste mit einem bläulich weißen, teils abwischbaren »Schimmel« bedeckt ist.

SALIX HASTATA J F M A M J **J** **A** S O N D

Spieß-Weide

Merkmale Sommergrüner Strauch, bis zu 1,5 m hoch. Blätter wechselständig, eiförmig. Blütenkätzchen aufrecht. Kapselfrucht.

Vorkommen In den Alpen **an Bergbächen**, felsigen Hängen, zwischen 1000 und 2000 m Höhe.

Wissenswertes Die an die Lebensbedingungen im Gebirge (kurze Vegetationsperiode, UV-Strahlung) angepasste Spieß-Weide bleibt mit zunehmender Höhe kleiner. Oberhalb der Baumgrenze trifft man sie nur noch als niedriger Kleinstrauch an, dessen Äste dicht am Boden entlang kriechen. Dort fallen die recht großen, mattgrünen Blätter und dicht behaarten Kätzchen besonders auf.

TRAUER-WEIDE

REIF-WEIDE

SPIESS-WEIDE

SALIX PURPUREA — J F M A **M** **J** J A S O N D

Purpur-Weide

Merkmale Sommergrüner Strauch, bis zu 5 m hoch. Junge **Zweige purpurrot** (Name). Blätter wechselständig, zungenförmig, **blaugrün**. Blütenkätzchen sitzend. Kapselfrüchte klein, filzig.

Vorkommen An Ufern, auf Kies- und Sandbänken.

Wissenswertes Die Staubbeutel der Purpur-Weide, eine unserer häufigsten Weiden, sind **vor dem Aufblühen purpurrot** gefärbt (Name). Mit zunehmender Reife werden sie erst gelb, dann schwarz. Alle Reifestadien treten gleichzeitig auf. Rinde enthält Salicin. Diese Weide eignet sich gut zur Befestigung von Böden in Hochwasser gefährdeten Gebieten, die Zweige als Flechtwerk. Am Ufer von Alpenflüssen und -bächen bildet sie gern undurchdringliche Gebüsche.

SALIX PENTANDRA — J F M A M J **J** **A** S O N D

Lorbeer-Weide

Merkmale Sommergrüner Strauch, bis zu 15 m hoch. Blätter wechselständig, **oberseits glänzend** tiefgrün, unterseits matt. **Blütenkätzchen goldgelb**. Kapselfrüchte grün.

Vorkommen In Auenwäldern, Mooren, an Bachufern der Alpen, auch als Ziergehölz.

Wissenswertes Diese Art mit den namengebenden **lorbeerähnlichen Blättern** gehört zu den schönsten heimischen Weiden. In den grünen Kapselfrüchten werden reichlich Samen gebildet, die dank der wolligen Anhänge leicht und kilometerweit vom Wind verdriftet werden. Mit diesen wolligen Samen wurden in Notzeiten wie mit den gleichfalls wolligen Pappelsamen Kissen und Decken gefüllt.

SALIX AURITA — J F M A **M** **J** J A S O N D

Ohr-Weide

Merkmale Sommergrüner, kugeliger Strauch, bis zu 2 m hoch. Junge Zweige mit **fühlbaren Längsstriemen**. Blätter wechselständig, mit je 2 großen, **ohrenförmigen Nebenblättern** (Name). Kätzchenblüten klein. Kapselfrüchte graufilzig.

Vorkommen Feuchtwiesen, **Moore**, feuchte, lichte Wälder.

Wissenswertes Die Ohr-Weide erträgt besser als viele andere Pflanzen auch häufige Überflutungen ihrer Wurzeln. Daher wird sie oft als Erste auf nassen, sauren Böden gepflanzt. Sie gilt auch als tritt- und weideverträglich. Wegen der silbriggrünen Blätter wird die Ohr-(Öhrchen-)Weide auch **Salbei-Weide** genannt. Pollen und Nektar sammelnde Bienen und Hummeln bestäuben die früh blühenden Blüten.

PURPUR-WEIDE

LORBEER-WEIDE

OHR-WEIDE

CORYLUS AVELLANA — J F M A M J J A **S** **O** N D

Gewöhnliche Haselnuss

Merkmale Sommergrüner Strauch, 2–5 m hoch. Blätter wechselständig, **beiderseits behaart**. Männliche Blütenkätzchen hellgelb, weibliche in **Knospen** verborgen mit Büscheln roter Narben. **Nussfrüchte**, von grüner kurzer Hülle umgeben.

Vorkommen Laubwälder, Waldrand, Gebüsche, Gärten.

Wissenswertes Die Haselnuss war nach der Eiszeit vor ca. 9000 Jahren das Gehölz, das sich zunächst bei uns am meisten ausgebreitet hat. Haselnüsse stellten daher schon in der Steinzeit eine wichtige Nahrung für die Menschen in Mitteleuropa dar. Sie waren auch eine wichtige Handelsware, wie der Artname *avellana* nach der für Haselnüsse bekannten italienischen Stadt Avella (Abella) zeigt. Der Strauch bietet vielen Tieren neben Nahrung Brutplatz und Wohnraum. Mit dem Beginn der Haselblüte beginnt die Heuschnupfenzeit. In Gärten sieht man die Korkenzieher-Hasel (*C.a.* 'Contorta') mit verdrehten Zweigen. Die größten Haselnüsse liefert die **Lamberts-Hasel** (*C. maxima*).

CORYLUS COLURNA — J F M A M J J A **S** O N D

Baum-Hasel

Merkmale Sommergrüner Baum, bis zu 20 m hoch. Blätter wechselständig, unterseits **auf Nerven behaart**. Blüten ähnlich Haselnuss. Nussfrüchte **mit langer Hülle**, in **ballartigen Knäuel**.

Vorkommen An **Straßen**, in Parks, Gärten und Alleen.

Wissenswertes Die Baum-Hasel ist in Südosteuropa und Westasien beheimatet, weswegen sie auch »Türkische Hasel« genannt wird. Bei uns wird diese robuste Hasel zunehmend als Straßen- und Spielplatzbaum gepflanzt, der kleinere, aber recht schmackhafte Nussfrüchte liefert. Verträgt auch gut kalte Winter. Am Schwarzen Meer wird sie in Plantagen angebaut.

OSTRYA CARPINIFOLIA — J F M A M J J A **S** **O** N D

Hopfenbuche

Merkmale Sommergrüner Strauch oder Baum, bis zu 20 m hoch. Blätter wechselständig, buchenähnlich, aber gesägt. Blütenkätzchen gelbbraun, hängend. Nussfrüchte grün oder braun, **Hülle blasenartig**.

Vorkommen In **Parks**.

Wissenswertes Die Fruchtstände der Hopfenbuche ähneln denen des **Hopfens**, der Baum der Buche – so kam dieses im östlichen Mittelmeerraum heimische Gehölz zu seinem Namen. Die wärmeliebende Art gedeiht bei uns als Parkbaum nur in Städten mit mildem Klima und ausreichend Niederschlägen.

GEW. HASELNUSS

GEW. HASELNUSS

GEW. HASELNUSS

BAUM-HASEL

HOPFENBUCHE

CARPINUS BETULUS J F M A M J J A **S** **O** N D

Hainbuche

Merkmale Sommergrüner Baum, bis zu 25 m hoch, Stamm oft verdreht. **Blätter faltig**, wechselständig. Blütenkätzchen. Nussfrüchte mit **dreilappigen »Flügeln«** in hängendem Fruchtstand.

Vorkommen Bestandsbildend in **Mischwäldern mit Eichen**, Laub- und Auenwäldern, **Gärten**, Parks.

Wissenswertes Die Blüten werden durch den Wind bestäubt. Die harten Nussfrüchte können nur von Kernbeißern (Finkenvögel mit kräftigem Schnabel) geöffnet werden. Das helle Holz (Name **Weißbuche**) gehört zu den schwersten heimischen Hölzern, aus dem Sitzmöbelgestelle, Werkzeugschäfte, Hackblöcke und Parkett gemacht werden, früher Zahnräder und Webstühle. In Eichen-Hainbuchen-Wäldern bestandsbildend.

BETULA PUBESCENS J F M A M J J **A** **S** O N D

Moor-Birke

Merkmale Sommergrüner Baum, bis zu 25 m hoch. Zweige **starr nach oben** stehend. Stamm grau. Blätter, Blüten, Früchte ähnlich Hänge-Birke.

Vorkommen In feuchten Bruchwäldern, **Mooren**, Heiden.

Wissenswertes Die Moor-Birke besiedelt rasch Hochmoore, die dadurch zunächst verbuschen und sich dann zum Birkenwald entwickeln. Diese Birken verdunsten sehr viel Wasser, an einem heißen Sommertag bis zu 500 Liter pro Baum. Die kleinen, geflügelten Nussfrüchte werden vom Wind verbreitet.

BETULA PENDULA J F M A M J J **A** **S** O N D

Hänge-Birke

Merkmale Sommergrüner Baum, bis zu 20 m hoch. **Stamm weiß**, junge Zweige hängend (= *pendula*). Blätter wechselständig, dreieckig. Männl. Blütenkätzchen hängend, weibl. aufrecht mit dunkelroten Narben. Nussfrüchte klein.

Vorkommen Laubwälder, Waldrand, Waldlichtungen, Moore, Heiden. **Pioniergehölz**, besiedelt freie Flächen als Erstes.

Wissenswertes Bei den Germanen war die Birke der Göttin Freya geweiht. Aus dieser Zeit ist der Brauch erhalten geblieben, im Frühling eine Birke als Maibaum aufzustellen. Die männlichen Blütenkätzchen entlassen im Frühjahr große Mengen an Pollen, auf die empfindliche Menschen mit Heuschnupfen reagieren. Der Wind bestäubt die weiblichen Blüten. Aus der Rinde wurde früher Birkenpech gewonnen, dem Allround-Klebstoff der Vorzeit. Helles Möbelholz, bestes heimisches Brennholz. Viele Namen: **Warzen-Birke**, **Sand-Birke**, **Weiß-Birke**.

HAINBUCHE

HAINBUCHE

MOOR-BIRKE

HÄNGE-BIRKE

ALNUS INCANA J F M A M J J A **S** **O** N D

Grau-Erle

Merkmale Sommergrüner Baum, bis zu 15 m hoch. **Rinde glatt**. **Blätter zugespitzt**, wechselständig. Blüten wie Schwarz-Erle. **Fruchtzapfen kleiner als Schwarz-Erle**.

Vorkommen In **Auenwäldern**, an Flussufern.

Wissenswertes Nur die Erlen bilden unter den Laubbäumen verholzende Zapfen aus, die den Winter über an den Bäumen verbleiben. Sie entlassen geflügelte Nussfrüchtchen, die mit dem Wind und dem Wasser verbreitet werden. Sie sind nur kurze Zeit keimfähig. Frisch geschnittenes Holz ist **auffallend orange** gefärbt und wird für Holzspielzeug verwendet. Die Wurzeln gehen mit stickstoffbindenden Pilzen eine Symbiose (Mykorrhiza) ein, vertragen aber keine andauernde Staunässe.

ALNUS GLUTINOSA J F M A M J J A **S** **O** N D

Schwarz-Erle

Merkmale Sommergrüner Baum, bis zu 25 m hoch, oft mehrstämmig. **Rinde rissig**. **Blätter klebrig**, wechselständig. Männliche Blütenkätzchen hängend, weibliche zapfenförmig. Fruchtzapfen holzig.

Vorkommen Bruch- und Auenwälder, **Ufersäume**.

Wissenswertes Früher wurden mit der Borke Stoffe, mit den Fruchtzapfen Leder schwarz gefärbt sowie Tinte hergestellt. Mit dem Holz werden gern Fische geräuchert. Wie Birken und Haseln entlassen auch Erlen im Frühjahr große Mengen an allergieauslösenden Pollen. Dennoch sind Erlen gern an Ufern gesehen, da sie bei Hochwasser die Erosion von Boden verhindern (Uferbefestigung). Ein Bad mit frischen Erlenblättern hilft bei unreiner Haut. Schwarz-Erlen werden gern von einem *Phytophtora*-Pilz befallen (Erlensterben).

ALNUS VIRIDIS J F M A M J J A S **O** **N** D

Grün-Erle

Merkmale Sommergrüner Strauch, 0,5–2,5 m hoch. **Blätter herb duftend**, wechselständig. Männliche Blütenkätzchen hängend, weibliche zapfenförmig, erscheinen **nach den Blättern**.

Vorkommen Waldrand, Auenwald, im Gebirge an Bachufern, auf **Lawinenhängen**, bis 2000 m Höhe.

Wissenswertes An Gebirgsbächen bildet die Grün-Erle oft dichte Bestände, die Haselnussgebüsch ähneln. Da sie zahlreiche Ausläufer bildet, wird sie auch zur Bodenbefestigung an lawinen- oder steinrutschgefährdeten Hängen eingesetzt. Auf Almen hingegen sind Grün-Erlen nicht beliebt, da sie diese überwuchern.

GRAU-ERLE

SCHWARZ-ERLE

SCHWARZ-ERLE

GRÜN-ERLE

MYRICA GALE J F M A M J J A **S** O N D

Gagelstrauch

Merkmale Sommergrüner Strauch, bis zu 1 m hoch. Blätter wechselständig, **mit gelben Öldrüsen**. Blütenkätzchen aufrecht, rötlich oder gelb. Steinfrüchte klein, zu vielen in Ähren. **Alle Teile giftig**.

Vorkommen Heidemoore, **Rand von Gräben**, Moore und Kiefernwälder.

Wissenswertes Die Blätter enthalten ätherische Öle und duften nach dem Zerreiben sehr aromatisch. Sie würzten früher anstelle von Hopfen Bier und andere alkoholische Getränke. Die Blütenknospen lieferten gelben Farbstoff, die Früchte wurden dank der öligen, bakterizid wirkenden Inhaltsstoffe als Kompressen eingesetzt. Birkhühner fressen im Winter die Knospen. Wird auch **Torfgagel** genannt.

CASTANEA SATIVA J F M A M J J A S **O** N D

Edel-Kastanie

Merkmale Sommergrüner Baum, bis zu 30 m hoch. Blätter wechselständig, bis zu 30 cm lang, **spitz**. Blüten zu vielen an bis zu 15 cm langen Kätzchen **in Büscheln**, angenehm duftend. Nussfrüchte in hellgrünen, **bestachelten Fruchthüllen**, essbar.

Vorkommen In wintermilden Gebieten, Parks, verwildert im Mischwald.

Wissenswertes Die Edel-Kastanie (auch **Ess-Kastanie**) ist ein auffälliger Baum. Die Blüten in den markanten Blütenständen erscheinen erst spät im Jahr und sind so bestens vor Spätfrösten geschützt. Käfer, Fliegen, Hummeln, aber auch der Wind übernehmen die Bestäubung. Die Nussfrüchte (**Maronen**) brauchen bis zu 120 Tage, bis sie reif sind. Darum gedeihen die Bäume bei uns nur in mildem Weinbauklima. Maronen schmecken Eichelhäher, Eichhörnchen, Krähen und anderen Tieren.

CELTIS OCCIDENTALIS J F M A M J J A **S** O N D

Westlicher Zürgelbaum

Merkmale Sommergrüner Baum, bis zu 25 m hoch. Blätter wechselständig, 5–15 cm lang. Blüten unscheinbar. Steinfrüchte 1 cm groß.

Vorkommen In **Parks**, Alleen.

Wissenswertes Den Westlichen Zürgelbaum, der in Nordamerika beheimatet ist, findet man als Zier- und Straßenbaum. Die essbaren Früchte schmecken süßlich. Blattfossilien belegen, dass Gehölze der Gattung *Celtis* vor ca. 15 Millionen Jahren bei uns heimisch waren.

GAGELSTRAUCH

EDEL-KASTANIE

EDEL-KASTANIE

WESTLICHER ZÜRGELBAUM

ULMUS MINOR — J F M A **M J** J A S O N D

Feld-Ulme

Merkmale Sommergrüner Baum, bis zu 40 m hoch. Blätter wechselständig, schief, **oben glänzend kahl**. Blüten in Büscheln, vor dem Laub. Nussfrucht geflügelt, fast ungestielt, vorderer Flügelrand eingeschnitten.

Vorkommen Auenwälder, Feldgehölze, Parks, an **Straßen**.

Wissenswertes Die Feld-Ulme wächst auch im Flachland, wo sie auch in der menschlichen Kulturlandschaft vorkommt. Da sie am empfindlichsten auf das Ulmensterben reagiert, sind in den vergangenen Jahren die meisten dieser Ulmen verschwunden. Trotz der Züchtung resistenterer Sorten ist das Ulmensterben noch nicht gebannt. Das rötliche, feste Holz heißt **Rotrüster**.

ULMUS GLABRA — J F M A **M J** J A S O N D

Berg-Ulme

Merkmale Sommergrüner Baum, bis zu 35 m hoch. Triebe mit **Zickzackwuchs**. Blätter wechselständig, schief, **oben sehr rau**, unten weich. Blüten rötlich in Büscheln, vor dem Laub. Nussfrucht geflügelt, **Same mittig**.

Vorkommen Schluchten- und Hangwälder der Gebirge.

Wissenswertes Die Berg-Ulme besiedelt höhere Lagen bis in 1400 m Höhe. Das helle Holz ist markant gemasert und wird im Möbelbau **Weißrüster** genannt. Da die Berg-Ulme empfindlich gegenüber dem Ulmensterben ist, nehmen die Bestände ab. Das **Ulmensterben** ist eine in den 1920er Jahren von Ostasien bei uns eingeschleppte Pilzerkrankung, die vom Ulmensplintkäfer übertragen wird. Betroffen sind nur Bäume ab einem bestimmten Stammdurchmesser (»Maßkrugstärke«), denn kleinere Stämme werden nicht von diesem Käfer befallen. Der Pilz verstopft die Leitungsbahnen und unterbricht so die Wasserleitung.

ULMUS LAEVIS — J F M A **M J** J A S O N D

Flatter-Ulme

Merkmale Sommergrüner Baum, bis zu 30 m hoch. Blätter wechselständig, schief, oben glatt, **unten weich behaart**. Blüten in Büscheln, vor dem Laub, **hängend**. Nussfrucht geflügelt, **bewimpert**, **Same mittig**, gestielt, bis zu 3,5 cm lang.

Vorkommen Auen- und feuchte Mischwälder, Waldrand, Alleen, an Straßen.

Wissenswertes Diese Ulme verdankt ihren Namen den flachen, geflügelten Nussfrüchten, die an langen Stielen im Wind flattern. Sie ist die anspruchloseste unter den Ulmen und widersetzt sich am besten dem Ulmensterben.

FELD-ULME

BERG-ULME

FLATTER-ULME

PRUNUS SPINOSA J F M A M J J A **S** **O** N D

Schlehe

Merkmale Sommergrüner, **sehr dorniger Strauch**, bis zu 3 m hoch. Blätter wechselständig, doppelt gesägt. Blüten weiß, einzeln. Steinfrüchte kugelig, kirschgroß, **blauschwarz bereift**.

Vorkommen An Feld-, Wald- und Wegränder, in Hecken.

Wissenswertes Schlehen (auch **Schwarzdorn**) sind wertvolle Wild- und Vogelschutzgehölze, die Unterschlupf, Nistplätze und Nahrung (Blüten = frühe Bienenweide, Blätter = Raupen-, Früchte = Wild-, Vogelnahrung) bieten. Auf Halbtrockenrasen breiten sich Schlehen rasch aus und verdrängen andere, auch seltene Pflanzenarten. Dort wird ihre Ausbreitung durch Pflegemaßnahmen begrenzt. Die Vitamin-C-reichen Früchte sind erst nach Frosteinwirkung genießbar; sie werden zu Gelee, Likör verarbeitet. Vögel können die dunklen, weiß bereiften Früchte gut sehen, da diese UV-Strahlung reflektieren. Alte Heilpflanze.

PRUNUS CERASUS J F M A M J **J** A S O N D

Sauer-Kirsche

Merkmale Sommergrüner Baum, bis zu 6 m hoch. Blätter wechselständig, derber, Blattstiel meist **ohne Drüsenhöcker**. Blüten weiß. Steinfrüchte reif hell- bis braunrot.

Vorkommen **Gärten**, auch verwildert.

Wissenswertes Schon seit der Römerzeit wird die aus Asien stammende Sauer-Kirsche (auch **Weichsel**) kultiviert. Da man Kirschkerne in stein- und bronzezeitlichen Pfahlbauten fand, muss sie schon vorher bekannt gewesen sein. Aus den Kernen werden Kirschkernkissen gemacht, die als warme und kalte Auflage dienen. Zahlreiche Sorten wie 'Schattenmorelle' (moniliagefährdet) oder 'Morellenfeuer' (moniliaresistent).

PRUNUS AVIUM J F M A M J **J** A S O N D

Vogel-Kirsche

Merkmale Sommergrüner Baum, bis zu 20 m hoch. Blätter wechselständig, Blattstiel mit **1–2 roten Nektardrüsen**. Blüten weiß. Steinfrüchte kugelig, bei Wildform schwarz, unter 1 cm.

Vorkommen Waldränder, Zuchtsorten in Gärten.

Wissenswertes Von der wilden Vogel-Kirsche stammen die gezüchteten **Süß-Kirschen** mit großer Sortenvielfalt ab. In Deutschland steht die mit Süß-Kirschen angebaute Fläche nach den Äpfeln an zweiter Stelle. Süß-Kirschen sind auch die **größten Obstbäume**. Aus den Früchten wird Schwarzwälder Kirschwasser gebrannt. Das rötliche Holz wird zu wertvollem Furnier für den Möbelbau gemessert.

SCHLEHE

SCHLEHE

SAUER-KIRSCHE

VOGEL-KIRSCHE

PRUNUS MAHALEB J F M A M J J **A** S O N D

Steinweichsel

Merkmale Sommergrüner Strauch oder kleiner Baum, bis zu 6 m hoch. Blätter wechselständig, **oben glänzend**. Blüten weiß, zu **6–10 in Büscheln**. Steinfrucht kugelig, erbsengroß, schwarz.

Vorkommen **Sonnig-warme Hänge**, Weg- und Waldränder.

Wissenswertes Die Rinde der Steinweichsel (auch **Felsen-** oder **Weichsel-Kirsche**) verströmt einen intensiven Duft. Die kleinen, saftarmen Früchte schmecken ziemlich bitter. Für viele Süß- und Sauer-Kirschensorten ist die Steinweichsel eine beliebte Unterlage, die die Wuchsstärke beeinflusst. Der wissenschaftliche Artname *mahaleb* stammt vom asiatischen Gewürz Mahlab, das aus dem gemahlenen Innern der Kerne gewonnen wird.

PRUNUS FRUTICOSA J F M A M **J** J A S O N D

Zwerg-Kirsche

Merkmale Sommergrüner Strauch, bis 1 m hoch, gern niederliegend. Blätter wechselständig, klein. Blüten weiß, zu **2–5 in Büscheln**. Früchte kugelig, erbsengroß, rot bis dunkelrot.

Vorkommen Trocken-warme Hänge, **Weinberge**, Gebüsche, Wegränder, lichte Bergwälder.

Wissenswertes Die Zwerg-Kirsche (auch **Zwergweichsel**) kommt bis nach Mittelasien und Sibirien vor. Da sie bei uns schon an vielen Standorten verschwunden ist, gilt sie als gefährdet. Die kleinen Früchte schmecken auch reif noch sehr sauer.

PRUNUS DOMESTICA J F M A M J J **A** **S** O N D

Pflaume

Merkmale Sommergrüner Baum, bis zu 15 m hoch. Stamm reicht **weit in die Krone** hinein. Blätter wechselständig. Blattstiel **behaart**. Blüten weiß, meist **zu 2 zusammen**. Steinfrucht länglich, blauschwarz, bereift, aber auch gelb, gelbgrün, rot, violett.

Vorkommen **Gärten**, auch verwildert.

Wissenswertes Die Heimat der Pflaume liegt in Vorderasien. Mit den Römern kam sie zu uns. Heutzutage gibt es viele verschiedene Kultursorten und -formen der Pflaume wie **Zwetschge** (Zwetsche), **Mirabelle** und **Reineclaude**. Anders als bei Pflaumen löst sich bei Zwetschgen das Fruchtfleisch leicht vom Steinkern. Wie Kirschen sind auch Pflaumenbäume selbstunfruchtbar; zum Bestäuben und Fruchtansatz muss ein Pollenspender (= eine andere Pflaumensorte) in der Nähe stehen. Aus den Früchten wird Kompott, Marmelade (Lattwerg) und Obstkuchenbelag gemacht. **Aprikose** (*P. armeniaca*), **Pfirsich** (*P. persica*) und **Mandel** (*P. dulcis*) sind nah verwandt.

STEINWEICHSEL

ZWERG-KIRSCHE

PFLAUME

PRUNUS PADUS J F M A M J **J** **A** S O N D

Gewöhnliche Trauben-Kirsche

Merkmale Sommergrüner Baum oder Strauch, bis zu 15 m hoch (meist 2–5 m). Blätter wechselständig, **matt**. Blüten in Trauben. Steinfrüchte mit **gefurchtem Steinkern**, erbsengroß.

Vorkommen Feuchte Waldränder, **Auenwälder**, Parks, Straßen, im Gebirge bis 1600m.

Wissenswertes Zur Blütezeit ist diese Trauben-Kirsche überreich mit weißen Blütentrauben behängt, die mit ihrem intensiven, manchmal strengen Duft Schmetterlinge anlocken. Die Rinde duftet nach Bittermandel. Im Sommer findet man oft die weißen Gespinstnester der Gespinstmotten im Geäst, auch Kahlfraß. Die Früchte reifen nach und nach, schmecken sehr bitter, lassen sich aber zu feinen Marmeladen und -säften verarbeiten. Dort, wo dieses Gehölz wächst, ist der Grundwasserspiegel niedrig. Dient auch zur Entwässerung nasser Böden. Wächst in tieferen Lagen als Baum, in höheren als duftloser Strauch.

PRUNUS SEROTINA J F M A M J J A **S** **O** N D

Späte Trauben-Kirsche

Merkmale Sommergrüner Baum, bis zu 20 m hoch. Blätter wechselständig, **glänzend**. Blüten in Trauben. Steinfrüchte mit **glattem Steinkern**, **kirschgroß**, schwarz.

Vorkommen Straßen, **Industrieanlagen**, auch verwildert.

Wissenswertes Über England (dort seit 1623) kam diese nordamerikanische Trauben-Kirsche nach Europa. An zusagenden Standorten, oft sind das schlechte Böden, breitet sie sich rasch aus. Die süßen Früchte haben einen bitteren Nachgeschmack, die Samen sind giftig. In ihrer Heimat liefert dieses Gehölz das rotbraune »Kirschholz«.

PYRACANTHA COCCINEA J F M A M J J A **S** O N D

Europäischer Feuerdorn

Merkmale Wintergrüner, **stark dorniger** Strauch, bis zu 3 m hoch. Blätter wechselständig. Blüten gelbweiß **dicht an dicht** in Schirmrispen. Beerenfrüchte **erbsengroß**, rot, Samen giftig.

Vorkommen Waldrand, Gebüsche, an **Straßen**, Gärten.

Wissenswertes Der aus Südeuropa stammende, sehr robuste Feuerdorn wird bei uns gern als Straßengrün und Schnitthecke gepflanzt. Die Blätter bleiben über den Winter grün an den Ästen. Die feuerroten, essbaren Beeren dienen Vögeln (Amseln) als wertvolle Winterkost. Anfällig gegen die gefährliche Bakterieninfektion Feuerbrand, die auf Obstbäume und Rosen übergreifen kann.

GEWÖHNLICHE TRAUBEN-KIRSCHE

SPÄTE TRAUBEN-KIRSCHE

EUROPÄISCHER FEUERDORN

AMELANCHIER OVALIS — J F M A M J J **A S** O N D

Gewöhnliche Felsenbirne

Merkmale Sommergrüner Strauch, bis zu 3 m hoch. Blätter wechselständig, **unterseits behaart**. Blüten zu 3–6 in Trauben. Apfelfrüchte erbsengroß, blau, bereift, **Kelchblätterreste ausgebreitet**, essbar.

Vorkommen Waldränder, Gebüsche, trocken-warme Berghänge, Geröllhalden, bis in 2000 m Höhe.

Wissenswertes Diese Felsenbirne, ein wertvolles Vogelgehölz (Nistplätze, Nahrung), wächst wegen ihrer Toleranz gegenüber Hitze und Trockenheit noch an solchen Standorten, an denen selbst genügsame Kräuter scheitern. Sie schafft neuen Boden für nachfolgende Pflanzen. Die kaum duftenden Blüten werden von Insekten besucht, die Früchte gern von Drosseln gefressen. Sie sind reif essbar (dann müssen Sie sich beeilen, um den Vögeln zuvorzukommen), unreif können sie zu Magen-Darm-Beschwerden führen. Samen nicht zerkauen. Wird wegen der Blüten auch **Edelweißstrauch** genannt.

AMELANCHIER LAMARCKII — J F M A M J J **A S O** N D

Kupfer-Felsenbirne

Merkmale Sommergrüner Strauch, bis zu 10 m hoch. Blätter wechselständig, junge **kupferrot**, fein behaart. Blüten zu 6–10 in Trauben. Apfelfrüchte erbsengroß, schwarz, mehlig bereift, **Kelchblätterreste aufrecht**, essbar.

Vorkommen **Parks**, Gärten, Straßen, verwildert in Wäldern.

Wissenswertes Die kupferroten Blätter dieser aus Nordamerika stammenden Felsenbirne verfärben sich im Herbst attraktiv karminrot. Deshalb ist sie bei uns seit über 200 Jahren ein beliebtes Zier- und wichtiges Vogelgehölz ohne Schaden für die heimische Flora. Die süßen, saftigen Früchte mit dem leichten Heidelbeergeschmack ergeben feine Marmeladen, getrocknet Rosinenersatz.

AMELANCHIER SPICATA — J F M A M J J **A S** O N D

Ährige Felsenbirne

Merkmale Sommergrüner Strauch, bis zu 2 m hoch. Blätter wechselständig, Blüten zu 4–10 in Trauben. Früchte schwarz, essbar.

Vorkommen Gärten, Parks, verwildert an Nord-/Ostsee.

Wissenswertes Die zierlichen Blüten öffnen sich gleichzeitig mit dem Laub und überziehen den attraktiven Strauch wie weiße Sterne. Sie duften leicht nach Fisch. Auch diese Felsenbirne ist in Nordamerika beheimatet, ebenso wie die **Kahle Felsenbirne** (*A. laevis*), ein ebenfalls beliebtes Ziergehölz.

GEWÖHNLICHE FELSENBIRNE

KUPFER-FELSENBIRNE

ÄHRIGE FELSENBIRNE

MALUS SYLVESTRIS J F M A M J J A **S** **O** N D

Wild-Apfel

Merkmale Sommergrüner Baum oder Großstrauch, bis zu 10 m hoch. Äste bedornt. Blätter wechselständig, unterseits meist kahl. Blüten **weiß-rosa**, Staubbeutel **gelb**. Apfelfrüchte grüngelb, 2–4 cm dick, **holzig**.

Vorkommen Waldränder, Auenwälder, **Feldgehölz**.

Wissenswertes Funde in Pfahlbauten belegen, dass schon die Menschen der Jungsteinzeit die wenig schmackhaften, sauren Wildäpfel verzehrten. Der robuste Wild-Apfel (auch **Holz-Apfel**) ist die Ausgangsart für den **Kultur-Apfel** (*M. domestica*) mit den stärker behaarten Blättern, von dem es weltweit über 20000 verschiedene Sorten (in Deutschland ca. 1000) gibt. Heutzutage baut man dieses wichtige Tafelobst meist in niedrigstämmigen Plantagen an, ökologisch wertvolle Hochstämme findet man in den Streuobstwiesen (Mostäpfel). Vorsichtig gepflückt sind Äpfel kühl monatelang haltbar, liefern Geliermittel (Pektin), Apfelessig.

MALUS FLORIBUNDA J F M A M J J A **S** O N D

Vielblütiger Apfel

Merkmale Sommergrüner Baum oder Strauch, bis zu 10 m hoch. Blätter wechselständig, **Blütenknospen tiefrot**, Blüten rötlich-weiß, zu 4–7 in Büscheln. Früchte gelbgrün bis rot, **kirschgroß**.

Vorkommen Parks, Gärten.

Wissenswertes Dieser attraktive Zierapfel mit der auffallend orangeroten Herbstfärbung ist in Japan beheimatet. 1862 in Europa eingeführt. Da er auch in schlechter Luft gedeiht und wenig schorfanfällig ist, kreuzt man ihn mit Kulturäpfeln zu widerstandsfähigen Sorten.

PYRUS PYRASTER J F M A M J J A **S** **O** N D

Holz-Birne

Merkmale Sommergrüner Baum, bis zu 20 m hoch. Äste **bedornt**. Blätter wechselständig, glänzend. Blüten weiß, **Staubbeutel rot**. Früchte 2–3 cm lang, holzig.

Vorkommen Lichte Wälder, **Feldgehölz**, Auenwälder.

Wissenswertes Die Holz-Birne (auch **Wild-Birne**) ist die Mutter aller **Kultur-Birnen** (*P. communis*). Die holzig-harten Früchte der Wildform schmecken erst nach Frösten. Holz und Blüten der Kultur-Birnen sind frostempfindlich, ihre Früchte enthalten weniger verholzte Steinzellen als die wilden Vorfahren. Die Blätter werden gern vom Birnengitterrost befallen und zeigen dann orangebraune Flecken.

WILD-APFEL

VIELBLÜTIGER APFEL

HOLZ-BIRNE

HOLZ-BIRNE

SORBUS ARIA J F M A M J J A S **O** N D

Echte Mehlbeere

Merkmale Sommergrüner Baum, bis zu 12 m hoch. Blätter wechselständig, unterseits **dicht weißfilzig**. Blüten weiß in gewölbten Schirmrispen. Apfelfrüchte rot, kirschgroß, **sehr mehlig**.

Vorkommen Sonnige Laubwälder, Gebüsche, an Straßen.

Wissenswertes Wild kommt die wärme- und lichtliebende Mehlbeere im Bergland vor. Da die filzigen Blätter Staub und Abgase binden, ist sie auch ein beliebter, robuster Straßenbaum. Die mehligen Früchte sind wegen enthaltener Parasorbinsäure roh leicht giftig, gekocht ergeben sie Marmelade, in Notzeiten trocken gemahlen Zusatz zu süßen Broten. Vögel und Kleinsäuger fressen die an den Bäumen bleibenden Früchte, die sich dann dunkelrot verfärben, erst im Winter.

SPIRAEA SALICIFOLIA J F M A M J J A **S** **O** N D

Weiden-Spierstrauch

Merkmale Sommergrüner Strauch, bis zu 2 m hoch. Blätter wechselständig, **weidenblattähnlich**. Blüten rosa, zu vielen in bis zu 15 cm langen **Rispen**. Balgfrüchte klein, gelb.

Vorkommen Feuchte Wiesen, Graben- und **Flussufer**.

Wissenswertes Dieser aus Ostasien stammende Strauch wird wegen seiner zahlreichen unterirdischen Ausläufer gern zur Befestigung von Böschungen gepflanzt, von wo aus er verwildert. In manchen Gebieten (u. a. Harz, Schwarzwald) ist er eingebürgert. Die Blüten verströmen ähnlich Weißdornblüten einen süßlichen **Aasgeruch**, der Fliegen und andere Insekten anlockt. In Gärten und Grünanlagen sind weißblühende Spiersträucher beliebt (z. B. Nippon-, Braut-, Pracht-Spierstrauch).

MORUS NIGRA J F M A M J J **A** S O N D

Schwarzer Maulbeerbaum

Merkmale Sommergrüner Baum, bis zu 18 m hoch. Blätter wechselständig, **herzförmig**. Blüten unscheinbar, kätzchenähnlich. Früchte **brombeerähnlich**, sehr saftig, unreif weiß, reif schwarz.

Vorkommen **Wintermilde Gebiete** in Gärten, an Straßen.

Wissenswertes Wegen der süßen Früchte, die nur vollreif genießbar sind, wurde dieses aus Vorderasien stammende Obstgehölz schon seit alters im Mittelmeerraum kultiviert, neuerdings in Plantagen (Bulgarien). Von den Blättern der **Weißen Maulbeere** (*M. alba*), deren weiße Früchte fad schmecken, ernähren sich die Seidenspinnerraupen (Seidenproduktion).

ECHTE MEHLBEERE

ECHTE MEHLBEERE

WEIDEN-SPIERSTRAUCH

SCHWARZER MAULBEERBAUM

TILIA PLATYPHYLLOS J F M A M J J A **S** O N D

Sommer-Linde

Merkmale Sommergrüner Laubbaum, bis zu 40 m hoch. **Zweigspitzen behaart**. Blätter wechselständig, **breit** herzförmig, unterseits **einzelne, weiße Haarbüschel**. Blüten und Früchte **zu 2–6** in Büscheln mit Tragblatt. Nussfrüchte **kantig**, **hart**.

Vorkommen In Schluchten- und **Bergwäldern** mit Rot-Buchen, Parks, **Städten**, an Straßen.

Wissenswertes Linden können bis zu 1000 Jahre alt werden und weisen dann oft hohle Stämme mit Innenwurzeln auf. Früher gab es in jeder Siedlung eine Dorf-, Gerichts- oder Tanzlinde an einem zentralen Platz. Obwohl man sie häufig als Straßenbaum vorfindet, sind Sommer-Linden dafür eher ungeeignet, da sie empfindlich auf Bodenverdichtungen reagieren.

TILIA CORDATA J F M A M J J A **S** O N D

Winter-Linde

Merkmale Sommergrüner Laubbaum, bis zu 30 m hoch. **Zweigspitzen kahl**. Blätter wechselständig, herzförmig, unterseits **blaugrün**, Nervenachseln **rostrot behaart**. Blüten und Früchte **zu 4–12** in Büscheln mit Tragblatt. Nussfrüchte **kugelig**, **weicher**.

Vorkommen In **Laubmischwäldern**, Parks, Alleen, Straßen.

Wissenswertes Die weniger anspruchsvolle Winter-Linde hat ein sehr viel größeres Verbreitungsgebiet als die Sommer-Linde, das bis zum Ural reicht. Aus dem hochwertigen, hellen Holz sind wertvolle gotische und barocke Altäre und Statuen geschnitzt und gedrechselt, etwa von T. Riemenschneider. Die Bastfasern wurden zu Tauen verarbeitet. Die Blüten ergeben schweißtreibenden Lindenblütentee bei Erkältungen. Als Straßenbaum wenig geeignet, oft tropfender Honigtau bei Blattlausbefall.

TILIA TOMENTOSA J F M A M J J A **S** **O** N D

Silber-Linde

Merkmale Sommergrüner Baum, bis zu 30 m hoch. Blätter wechselständig, **unterseits weißfilzig**. Blüten, Früchte zu 5–10 in Büscheln. Nussfrüchte **zugespitzt**.

Vorkommen Parks, **städtische Anlagen**, Alleen, Straßen.

Wissenswertes Die unempfindlichste unter den Lindenarten. Dass man unter blühenden Silber-Linden häufig tote Hummeln und Bienen findet, liegt nicht am giftigen Nektar. Die Blütenbesucher sterben vielmehr an Nahrungsmangel, denn zu dieser Zeit im Jahr blühen kaum noch andere Nektarlieferanten. Daher: Pflanzen Sie Spätblüher.

SOMMER-LINDE

WINTER-LINDE

SILBER-LINDE

HAMAMELIS MOLLIS J F M A M **J** **J** A S O N D

Chinesische Zaubernuss

Merkmale Sommergrüner, wenig verzweigter Strauch, bis zu 5 m hoch. Blätter wechselständig, haselartig, **weichhaarig**. Blüten gelb, Staubblätter und Griffel **rot**. Fruchtkapseln klein, holzig.

Vorkommen Gärten, Parks.

Wissenswertes Mitten im Winter öffnen sich die duftenden Blüten der dekorativen Zaubernuss. Beim Erblühen erkennen Sie, dass die gelben, eingerollten Kronblätter wie Papierstreifen gefaltet waren. Im Herbst färbt sich das Laub attraktiv orangegelb. Der botanische Gattungsname weist darauf hin, dass die Früchte bis zur nächsten Blüte am Gehölz bleiben (gr. hama = zur gleichen Zeit, melon = Frucht). Häufige Sorte 'Pallida', großblütig.

BERBERIS VULGARIS J F M A M J J **A** **S** **O** N D

Gewöhnliche Berberitze

Merkmale Sommergrüner Strauch, bis zu 3 m hoch, **Blattdornen** oft dreiteilig. Blätter wechselständig, **dornig gezähnt**. Kron- und Kelchblätter der Blüten gelb. **Früchte rot**, länglich.

Vorkommen Sonnige Waldränder, **Gebüsche**.

Wissenswertes Diese einzige heimische Berberitzenart (auch **Sauerdorn**) ist ein wertvolles Wildgehölz für Tiere. Die stark duftenden nektarreichen Blüten locken Insekten (Distelfalter, Rosenkäfer, Schwebfliegen u. a.) an. Die vitaminreichen Beeren bleiben den Winter über am Strauch und dienen als Winternahrung. Sie sind essbar (Marmelade), schmecken aber ziemlich sauer. Blätter und Rinde sind giftig. Da die Berberitze Getreiderost überträgt, wurde sie früher in vielen Gebieten nahezu ausgerottet.

VACCINIUM MYRTILLUS J F M A M J **J** **A** **S** O N D

Heidelbeere

Merkmale Sommergrüner Zwergstrauch, bis zu 50 cm hoch. **Stängel kantig**, grün. Blätter wechselständig, Blüten erst grün, dann rötlich, **krugförmig**. Beerenfrüchte schwarzblau, hell bereift.

Vorkommen Lichte Laub- und **Nadelwälder**, Heidemoore.

Wissenswertes Die vitaminreichen Heidelbeeren (auch **Blaubeeren**) wurden seit frühesten Zeiten zum Essen gesammelt. Schon Hildegard von Bingen erwähnt die heilende Wirkung der Beeren, die frisch abführend wirken, getrocknet hingegen bei Durchfall helfen. Beeren auch als Saft und Likör. An zusagenden Standorten bilden Heidelbeeren oft große Bestände. **Kultur-Heidelbeeren** (*V. corymbosum*) sind größer, schmecken aber fader.

CHIN. ZAUBERNUSS

CHIN. ZAUBERNUSS

GEW. BERBERITZE

GEW. BERBERITZE

HEIDELBEERE

HEIDELBEERE

ACER PSEUDOPLATANUS J F M A M J J A **S** **O** N D

Berg-Ahorn

Merkmale Sommergrüner Baum, bis zu 30 m hoch. Borke **schuppig abblätternd**. Blätter gegenständig, groß, 5-lappig. Blüten unscheinbar, in langen Rispen. Nussfrüchte paarig, die Fruchtflügel bilden einen **rechten Winkel**.

Vorkommen In Bergmisch-, Auen- und Schluchtenwäldern bis 1700 m Höhe, auch als Parkbaum.

Wissenswertes Da der Berg-Ahorn kerzengerade wächst, gilt sein helles Holz als besonders wertvoll. Wegen seiner Maßhaltigkeit wird es gern zu Küchenutensilien, als Parkett und Furnier im Möbelbau verarbeitet. Instrumentenbauer setzen es als Resonanzdecke bei Geigen, Gitarren sowie für Flöten, Fagotten ein.

ACER CAMPESTRE J F M A M J J A S **O** N D

Feld-Ahorn

Merkmale Sommergrüner, oft strauchförmiger Baum, bis zu 15 m hoch, »Zuckerwürfelborke«. Blätter gegenständig, klein, 5-lappig vorn gerundet, Blattstiel **mit Milchsaft**. Blüten gelbgrün in Rispen. Nussfrüchte paarig, Flügel **waagerecht** abstehend.

Vorkommen In Mischwäldern bis etwa 1000 m Höhe, **Feldgehölz**, Wegränder, Hecken, Gärten, Parks.

Wissenswertes Der Feldahorn wächst deutlich langsamer als andere Ahornarten und blüht erst mit 25 Jahren. Er treibt leicht aus dem Stock aus, was zu mehrstämmigem Wuchs führt. Das rötliche Holz ist für Drechselarbeiten, für Möbel und Parkett beliebt. Gutes Brennholz. Laub früher als Viehfutter, als Salat und vergoren wie Sauerkraut.

ACER PLATANOIDES J F M A M J J A S **O** N D

Spitz-Ahorn

Merkmale Sommergrüner Baum, bis zu 30 m hoch. Blätter gegenständig, groß, 5- bis 7-lappig mit **spitzen Zähnen**. Blüten gelbgrün in Dolden, erscheinen kurz vor dem Laub. Nussfrüchte paarweise, Flügel **im stumpfen Winkel** zueinander.

Vorkommen In Laubmisch-, Auen- und Schluchtenwäldern bis in 1000 m Höhe, Gärten, Parks, an **Straßen**.

Wissenswertes Bienen besuchen die nektarreichen Blüten, im Sommer sammeln sie den Honigtau der Blattläuse. Vor der industriellen Verarbeitung der Zuckerrüben wurde vergeblich versucht, aus dem Blutungssaft des Spitz-Ahorns Zucker zu gewinnen. Der heute erhältliche Ahornsirup stammt vom kanadischen **Zucker-Ahorn** (*A. saccharum*). Attraktive Herbstfärbung. Holz für Musikinstrumente.

BERG-AHORN

FELD-AHORN

SPITZ-AHORN

SPITZ-AHORN

ACER SACCHARINUM J F M A **M** J J A S O N D

Silber-Ahorn

Merkmale Sommergrüner Baum, bis zu 30 m hoch. Blätter gegenständig, **tief gebuchtet**, 5-lappig, spitz gesägt, unterseits **silbrigweiß**. Blüten in Büscheln. Nussfrüchte paarig, Flügel **sichelförmig gebogen** im spitzen Winkel zueinander.

Vorkommen Parks, Gärten, städtische **Grünanlagen**.

Wissenswertes Der Silber-Ahorn wächst sehr schnell (in 50 Jahren bis zu 30 m), bildet aber nur leichtes, weiches Holz, das nicht genutzt wird. Da er robust und frosthart ist, ist er ein beliebter Stadtbaum. Wird nur etwa 100 Jahre alt. Sehr früh im Jahr bilden sich aus den Blüten, die vom Wind bestäubt werden (!), die geflügelten Nüsse. Diese sind begehrtes Futter für Kleinsäuger.

ACER MONSPESSULANUM J F M A M J J A **S** O N D

Französischer Ahorn

Merkmale Sommergrüner Baum oder Strauch, bis zu 10 m hoch. Blätter gegenständig, klein, derb, 3-lappig, **unterseits bläulich**. Blüten grüngelb. Nussfrüchte paarig, Flügel sich teilweise **überlappend**, an sonnigen Standorten rotbraun.

Vorkommen Lichte Trockenwälder, sonnige Felshänge, an Mittelrhein, Main, Mosel und Nahe.

Wissenswertes Der aus dem Mittelmeerraum stammende Ahorn (auch **Burgen-Ahorn**) kommt bei uns hauptsächlich in der Nähe von Burgruinen vor, aus deren Gärten er wohl verwildert ist. Die nektarreichen Blüten des sehr langsam wachsenden Gehölzes werden von vielen Bienen besucht. Erträgt auch längere Trockenheit.

VIBURNUM OPULUS J F M A M J J **A** **S** O N D

Gewöhnlicher Schneeball

Merkmale Sommergrüner Strauch, bis zu 4 m hoch. Blätter gegenständig, ahornähnlich, unterseits leicht behaart. Blüten weiß in schirmförmigen Trugdolden, **Randblüten vergrößert**. Beerenartige Steinfrüchte, leuchtend rot. **Schwach giftig**.

Vorkommen Feuchte Wälder und **Gebüsche**, Waldränder, Bachufer, Gärten (meist Sorte 'Roseum').

Wissenswertes Die vergrößerten Randblüten sind unfruchtbar, locken aber Fliegen und Schmetterlinge zu den fruchtbaren Zentralblüten. Vögel meiden die sauren Früchte, die oft noch im Frühjahr an den Zweigen hängen. Blattkäfer und die Raupen des Ligusterschwärmers fressen die Blätter. Die nur aus unfruchtbaren Blüten bestehenden Blütenstände der Gartenformen erinnern an Schneebälle (Name).

SILBER-AHORN

FRANZÖSISCHER AHORN

GEWÖHNLICHER SCHNEEBALL

GINKGO BILOBA — J F M A M J J A S **O** **N** D

Ginkgobaum

Merkmale Sommergrüner Baum, bis zu 40 m hoch. Blätter wechselständig, **fächerförmig**, mittig eingekerbt. Blüten zweihäusig. Samen gelblich, **steinfruchtähnlich**, innen fest, außen weich.

Vorkommen Parks, Gärten, an **Straßen**.

Wissenswertes Mit den holländischen Seefahrern kam der aus China stammende Ginkgo (eigentlich Gin kyo, für Silberaprikose) im 18. Jh. von Japan (dort Tempelbaum!) zu uns. Obwohl er wie ein Laubbaum aussieht, ist er ein Nacktsamer und näher mit den Nadelbäumen verwandt. Der Ginkgo ist der einzige Überlebende der Pflanzenklasse der Ginkgoartigen, die im Erdmittelalter fast die ganze Erde besiedelten. Gilt als **lebendes Fossil**. Der Samenmantel stinkt reif nach Buttersäure, das Innere wird in seiner Heimat geröstet gegessen.

LIRIODENDRON TULIPIFERA — J F M A M J J A S **O** N D

Tulpenbaum

Merkmale Sommergrüner Baum, bis zu 40 m hoch. Blätter wechselständig. Blüten **tulpenähnlich**, 4–5 cm groß. Früchte zapfenartig, hellbraun.

Vorkommen **Parks**, Gärten, Grünanlagen, an **Straßen**.

Wissenswertes In seiner nordamerikanischen Heimat ist der Tulpenbaum mit Höhen von bis zu 60 m der größte und wohl auch schönste Laubbaum. Dort ist er ein wichtiger Forstbaum, der gelbbraunes Holz für Möbel und Musikinstrumente liefert. Die charakteristischen, fast viereckigen Blätter verfärben sich im Herbst goldgelb bis orangerot. Im Tertiär waren Tulpenbäume auch bei uns weit verbreitet, konnten aber den Eiszeiten nicht ausweichen.

POPULUS ALBA — J F M A **M** **J** J A S O N D

Silber-Pappel

Merkmale Sommergrüner Baum, bis zu 30 m hoch. Borke mit **rautenförmigen Rissen**. Blätter wechselständig, unterseits **graufilzig** behaart. **Blütenkätzchen** zweihäusig, hängend, erscheinen vor dem Laub. Kapselfrüchte mit **behaarten Samen**.

Vorkommen Lichte **Auenwälder**, Flussufer, Alleen, Parks.

Wissenswertes Der Wind bestäubt die weiblichen grüngelben Blüten mit den roten Narben und verbreitet auch die Samen. Dank dem weitreichenden Wurzelwerk dienen Silber-Pappeln (auch **Weiß-Pappeln**) zur Befestigung von Ufern und Dünen. Aus dem weichen gelblichen Holz werden Streichhölzer, Zahnstocher und sehr leichtes Sperrholz für den Fahrzeugbau gemacht.

GINKGOBAUM

TULPENBAUM

SILBER-PAPPEL

QUERCUS ROBUR J F M A M J J A **S O** N D

Stiel-Eiche

Merkmale Sommergrüner, staatlicher Baum, bis zu 50 m hoch. Blätter wechselständig, asymmetrisch, **Blattstiel sehr kurz**. Männl. Blütenkätzchen in Büscheln hängend, weibl. klein zu 1–3. Früchte (**Eicheln**) **lang gestielt** (Name), Fruchtbecher **klein**.

Vorkommen Bestandsbildend in **Eichenmischwäldern** tiefer bis mittlerer Lagen.

Wissenswertes Mit der unregelmäßigen Krone aus starken, gedrehten Ästen wirken alte Stiel-Eichen, die bis zu 1400 Jahre alt werden können, sehr knorrig. In vielen Kulturen heilig. Die Eicheln waren früher wichtiges Futter für das Vieh, das zum Weiden in den Wald getrieben wurde (Hutewald). Eichen bieten über 2000 Tierarten einen Lebensraum, viele tragen die Eiche in ihrem Namen (z. B. Eichhörnchen, Eichelhäher). Das gerbstoffreiche Eichenholz ist ein wertvolles Nutzholz für Möbel, Fässer, Schiffe, Dachstühle und Pfahlbauten (etwa in Venedig).

QUERCUS PETRAEA J F M A M J J A **S O** N D

Trauben-Eiche

Merkmale Sommergrüner Baum, bis zu 40 m hoch. Blätter wechselständig, **lang gestielt**. Männliche Blütenkätzchen, weibliche in »Trauben« (Name). Eicheln zu 1–5 in **ungestielten Fruchtbechern**.

Vorkommen Bestandsbildend in Laubmischwäldern mit mildozeanischem Klima, Parks.

Wissenswertes Die heimische Trauben-Eiche ist die kleinere, wärmeliebende, weniger knorrige Schwester der Stiel-Eiche und bildet mit ihr fruchtbare Bastarde. Holzverwendung wie Stiel-Eiche, guter Cognac reift in Trauben-Eichenfässern von 160 Jahre alten Bäumen. Gerbstoffreiche Rinde zum Gerben von Leder. Stamm bis in den oberen Kronenbereich durchgehend.

QUERCUS CERRIS J F M A M J J A **S O** N D

Zerr-Eiche

Merkmale Sommergrüner Baum, bis zu 35 m hoch. Blätter wechselständig, **rau**, **derb**. Männl. Blütenkätzchen hängend, weibl. zu 2–4 sitzend. Eicheln hälftig in **zottig behaartem Fruchtbecher**.

Vorkommen Parks, an **Straßen**, vereinzelt auch verwildert.

Wissenswertes In seiner Heimat (Südosteuropa) wurde die Zerr-Eiche früher so genutzt wie bei uns die Eiche: Das in den Niederwald getriebene Vieh fraß Eicheln und Laub. Da sich das harte Holz beim Trocknen stark verwirft, wird es nur als Brennholz genutzt. Erträgt gut städtisches Klima.

STIEL-EICHE

TRAUBEN-EICHE

TRAUBEN-EICHE

ZERR-EICHE

QUERCUS RUBRA J F M A M J J A **S** **O** N D

Rot-Eiche

Merkmale Sommergrüner Baum, bis zu 30 m hoch. Blätter wechselständig, **mit feinen Spitzen**. Eicheln **glänzend rotbraun**, rundlich, Fruchtbecher flach.

Vorkommen In Forsten, auch verwildert, **Parks**.

Wissenswertes Die aus Nordamerika stammende Rot-Eiche fällt im Herbst durch die leuchtende rote Blattfärbung auf. Als Straßenbaum ist sie ungeeignet, weil das herabfallende Laub glitschig ist. Häufig wird sie als Forstbaum gepflanzt, der viel schneller als Stiel-Eichen wächst. Das schön gemaserte Holz ist aber nicht so fest und dauerhaft, eignet sich für Möbel, Parkette, Furniere, Treppen, auch für asiatische Kampfsport-Holzwaffen. Unter Rot-Eichen gedeihen nur wenige Pilze. Dafür ist sie in ihrer Heimat anfällig für die Eichenwelke (Pilzinfektion).

QUERCUS PUBESCENS J F M A M J J A **S** O N D

Flaum-Eiche

Merkmale Sommergrüner Baum, bis zu 20 m hoch. Blätter wechselständig, **unten mit sternförmigen Haaren**. Eicheln länglich in **schuppig behaarten Fruchtbechern**, ungestielt.

Vorkommen Laubmischwälder an **sonnigen Hängen**, Parks.

Wissenswertes Die sehr wärmeliebende Flaum-Eiche kommt bei uns nur vereinzelt vor. Diese sind Reste aus der Zeit nach den Eiszeiten (vor 4500–7000 Jahren), als die Flaum-Eiche bei uns noch ganze Wälder bildete, die später von der Rot-Buche verdrängt wurden. Heute bildet sie die typischen Eichentrockenwälder in Süd- und Südosteuropa bis Kleinasien. Gilt in Frankreich (Perigord) als Trüffeleiche wegen reichlich Trüffelfunden. Wächst auch strauchartig.

QUERCUS PALUSTRIS J F M A M J J A S **O** N D

Sumpf-Eiche

Merkmale Sommergrüner Baum, bis zu 30 m hoch. Blätter wechselständig, tief eingeschnitten, **glänzend grün**, unterseits graue Haarbüschel. Eicheln klein, **kugelig**, halb im Fruchtbecher.

Vorkommen In **Parks**, an Straßen.

Wissenswertes In ihrer Heimat im östlichen Nordamerika besiedelt die Sumpf-Eiche feuchtere Standorte, hingegen keine Sümpfe wie der Name vermuten lässt. Wegen ihrer tiefroten Herbstfärbung ist sie bei uns ein beliebter Park- und Straßenbaum, der oftmals auch buschig wächst. So ist etwa in Karlsruhe jeder 11. städtische Baum eine Sumpf-Eiche und im Berliner Regierungsviertel wurden einige Hundert gepflanzt.

ROT-EICHE

FLAUM-EICHE

SUMPF-EICHE

PLATANUS × HISPANICA J F M A M J J A **S** **O** N D

Ahornblättrige Platane

Merkmale Sommergrüner Baum, bis zu 35 m hoch. Rinde olivbräunlich bis rotbraun, löst sich **in größeren Platten ab**. Blätter wechselständig, ahornähnlich. Blüten männliche und weibliche getrennt in lang gestielten, kugeligen Blütenständen. Meist **2 kugelige, braune Fruchtstände** am langen Stiel.

Vorkommen In **Städten**, Parks, an Straßen.

Wissenswertes Die Platane, eine in Europa entstandene Kreuzung zwischen den seltener vorkommenden Morgenländischen und der Amerikanischen Plantane (*P. orientalis*, *P. occidentalis*), wird sehr häufig in Städten gepflanzt, da sie Trockenheit gut verträgt. Die auffallenden Fruchtkugeln bestehen aus borstig behaarten Nüsschen. Platanen werden gern von einem Pilz befallen, der die Blätter vorzeitig verwelken lässt. Durch Stutzen der Äste ergeben sich flache, schirmartige Kronen. Sehr alte Pflanzengattung, Funde (Spitzbergen) aus der Kreidezeit.

LIQUIDAMBAR STYRACIFLUA J F M A M J J **A** **S** O N D

Amberbaum

Merkmale Sommergrüner Baum, bis zu 25 m hoch. Blätter wechselständig, ahornähnlich, **duften süßlich beim Zerreiben**, im Herbst rot. Blüten grünlich (männliche) oder gelblich (weibliche) in Köpfchen. Kapselfrüchte in Kugeln, stachelig, holzig.

Vorkommen In Parks, an Straßen.

Wissenswertes 1681 wurde der Amberbaum in Europa als Zierbaum eingeführt. In Nordamerika, seiner Heimat, ist er einer der wichtigsten Forstbäume (liefert walnussähnliches Möbelholz) und wird auch Kaugummibaum genannt, da aus dem Rindenharz der Kaugummizusatz Styrax (Sweetgum) gewonnen wird.

ILEX AQUIFOLIUM J F M A M J J A S **O** N D

Stechpalme

Merkmale Immergrüner Strauch, bis zu 5 m hoch, selten kleiner Baum. Blätter wechselständig, derb, **dornig gezähnt**. Blüten weiß-rosa, klein. Steinfrüchte erbsengroß, kugelig, **rot**. **Giftig**.

Vorkommen Wild in lichten **Laubwäldern**, Gebüschen, angepflanzt in Gärten, **Parks**.

Wissenswertes Schmerzhaft stechende Blätter schützen vor Tierfraß. Die giftigen Früchte werden von Drosseln gefressen. Traditioneller Weihnachtsschmuck auf den Britischen Inseln. Zweige werden an Palmsonntag als »Palm« geweiht (Name). Wild wachsend geschützt. Sehr hartes Holz für Spazierstöcke, Werkzeugstiele, als Ebenholzersatz.

AHORNBLÄTTRIGE PLATANE

AMBERBAUM

STECHPALME

SORBUS LATIFOLIA J F M A M J J A **S** **O** N D

Breitblättrige Mehlbeere

Merkmale Sommergrüner Baum oder Strauch, bis zu 20 m hoch. Triebe **glänzend oliv**. **Blätter breiter**, wechselständig, unterseits graufilzig. Blüten gelblichweiß, in Schirmrispen. Apfelfrüchte gelb bis braunrot, **hell punktiert**, **kugelig**, essbar.

Vorkommen Sonnige Laubmischwälder, Parks.

Wissenswertes Viele *Sorbus*-Arten neigen zum Vermischen – diese Mehlbeere gilt ebenso wie die Berg-Mehlbeere (*S. mougeotii*) als Bastard zwischen Echter Mehlbeere (*S. aria*) und Elsbeere (*S. torminalis*). Sie kommt nur in kleinen Gebieten vor (z. B. Baden, Franken), ist dort aber recht häufig. Trat zum ersten Mal im Pariser Becken (Wald bei Fontainebleau) auf, seit 1750 Zierbaum in Europa und Amerika.

SORBUS INTERMEDIA J F M A M J J A **S** **O** N D

Schwedische Mehlbeere

Merkmale Sommergrüner Baum, bis zu 15 m hoch. **Triebe stark behaart**. Blätter wechselständig, unten graufilzig. Blüten weiß in Schirmrispen. Apfelfrüchte rund bis oval, klein, rot, **innen gelb**.

Vorkommen Parks, an **Straßen**, verwildert in Laubwäldern.

Wissenswertes Auch dieser Baum ist eine natürlich entstandene Kreuzung aus Eberesche (*S. aucuparia*) und Echter Mehlbeere (*S. aria*), evtl. noch mit Elsbeere (*S. torminalis*). Da sie das Einpflastern gut verträgt und gegen Abgase unempfindlich ist, wird sie zunehmend als Straßen- und Alleenbaum gepflanzt. Die scharlachroten, glänzenden Früchte sind kaum genießbar. Wird auch **Oxelbeere** genannt.

SORBUS TORMINALIS J F M A M J J A S **O** N D

Elsbeere

Merkmale Sommergrüner Baum oder Strauch, bis zu 20 m hoch. **Blätter ahornähnlich**, wechselständig, im Herbst rot. Blüten weiß in Schirmrispen. Apfelfrüchte **bräunlich, hell punktiert**, länglich.

Vorkommen In **Laubwäldern**, Gebüsche, selten in Parks.

Wissenswertes Bei uns kommt die wärmeliebende Elsbeere nur in **Weinbaugebieten** vor. Die sauren, teigigen Früchte sind bei Drosseln als Winterfutter beliebt. Sie wurden früher Apfelmost und Obstweinen zur Geschmacksverbesserung beigemischt, im Elsass wird daraus eine Schnapsrarität (»Alisier«) gebrannt. Kostbares, feinfaseriges Möbelholz (»Schweizer Birnbaum«), auch für Flöten, Lineale und Maßstäbe.

BREITBLÄTTRIGE MEHLBEERE

SCHWEDISCHE MEHLBEERE

ELSBEERE

CRATAEGUS LAEVIGATA J F M A M J J **A S** O N D

Zweigriffeliger Weißdorn

Merkmale Sommergrüner, bedornter Strauch oder kleiner Baum, bis zu 12 m hoch. Blätter wechselständig, mit **abgerundeten Lappen**, **im Herbst gelborange**. Blüten mit **2–3 Griffeln**, Kelchblätter **behaart**. Apfelfrüchte mit **2–3 Steinkernen**, dunkelrot.

Vorkommen Waldränder, Hecken, Gebüsche, auch Gärten.

Wissenswertes Die Früchte beider Weißdornarten (auch **Hagedorn**) dienten in Notzeiten als Mehl- und Kaffeeersatz. Rot blühende Gartenformen (**Rotdorn** mit gefüllten, sterilen Blüten) sind Kreuzungen des Ein- und Zweigriffeligen Weißdorns. Alle Weißdornarten sind wertvolle Vogelnähr- und -schutzgehölze, die auch schnittverträgliche Hecken bilden.

CRATAEGUS MONOGYNA J F M A M J J A **S** O N D

Eingriffeliger Weißdorn

Merkmale Sommergrüner, bedornter Strauch, bis zu 5 m hoch. Blätter wechselständig, mit **spitzen Lappen**. Blüten mit **1 Griffel**, Kelchblätter **kahl**. Apfelfrüchte mit **1 Steinkern**, dunkelrot.

Vorkommen Laubwälder, Waldrand, Gebüsche, Gärten.

Wissenswertes Der Eingriffelige Weißdorn ist etwas lichtbedürftiger als die Schwesterart, kommt jedoch wegen seiner größeren ökologischen Toleranz häufiger vor. Blätter, Blüten und Früchte sind wertvolle Nahrung für Vögel, Kleinsäuger und Insekten, die bedornten, dichten Zweige bieten begehrte Brut- und Unterschlupfplätze. Weißdornbüsche, die etliche hundert Jahre alt werden können, dienten früher als lebendige Weidezäune. Wirkstoffe dieser Pflanze werden in Herzstärkungsmittel und gegen Bluthochdruck eingesetzt. Tee aus Weißdornblättern wirkt herz- und kreislaufstärkend.

PHYSOCARPUS OPULIFOLIUS J F M A M J J A S **O** N D

Schneeball-Blasenspiere

Merkmale Sommergrüner Strauch, bis zu 3 m hoch. Blätter wechselständig, dreilappig. Blüten weiß bis blassrosa in bis zu 5 cm großen **Doldentrauben**. Früchte **kapselartig**, rötlich.

Vorkommen In **Gärten**, Parks, kaum verwildert.

Wissenswertes Im 19. Jh. kam dieser sehr robuste Strauch aus Nordamerika nach Europa. Dank seines dichten Wildstrauchcharakters, der nektar- und pollenreichen Blüten sowie der aufgetriebenen Früchte ist er ein wertvolles Vogelschutzgehölz und gute Bienenweide. Einige Gartensorten zeichnen sich durch dunkelrote bzw. goldgelbe Blätter aus. Schnellwachsend, auch als Hecke.

ZWEIGRIFFELIGER WEISSDORN

EINGRIFFELIGER WEISSDORN

SCHNEEBALL-BLASENSPIERE

RIBES RUBRUM J F M A M **J** **J** A S O N D

Rote Johannisbeere

Merkmale Sommergrüner Strauch, bis zu 3 m hoch. Blätter wechselständig, **herzförmig**. Blüten grünlich bis bräunlich, **zu 10–20** in Blütenstand, hängend. **Beerenfrüchte rot**, essbar.

Vorkommen In feuchten Erlen- und Eschenwäldern, Ufergebüsch, in vielen Gärten angebaut.

Wissenswertes Dieses beliebte Beerenobst mit den säuerlichen, Vitamin-C-reichen Früchten ist wahrscheinlich schon seit dem 15. Jh. eine Kulturpflanze. Heutzutage gibt es zahlreiche Gartensorten, darunter auch solche mit rosa oder gelbweißen Früchten. Aus ihnen wird Saft, Gelee, Marmelade und Wein gemacht. Wilde Johannisbeeren sind selten. Johannisbeeren werden um den Johannistag (24. Juni) reif (Name).

RIBES ALPINUM J F M A M **J** **J** A S O N D

Alpen-Johannisbeere

Merkmale Sommergrüner Strauch, 1–2 m hoch. Blätter wechselständig, dreieckig, **klein**. Weibliche Blüten gelbgrün, zu 1–5 in **aufrechten Trauben**. Beerenfrüchte scharlachrot, essbar.

Vorkommen Steinige Hänge, Schluchtwälder, auch an Straßen, in Industriegebieten.

Wissenswertes Da diese aus den Bergwäldern stammende Johannisbeerenart Abgase sowie Rückschnitt sehr gut verträgt, wird sie häufig als Straßenbegleitgrün und in städtischen Hecken gepflanzt. Die Blüten werden von vielen Bienen besucht, die scharlachroten Früchte hingegen schmecken ziemlich fad.

RIBES NIGRUM J F M A M J **J** A S O N D

Schwarze Johannisbeere

Merkmale Sommergrüner Strauch, 1–2 m hoch. Ganze Pflanze **riecht unangenehm**. Blätter wechselständig, unterseits mit **gelblichen Drüsen**. Blüten grünlichgelb, **zu 4–10** in Trauben. Beerenfrüchte **schwarz**, hell punktiert.

Vorkommen In Gärten, auch verwildert in Auen- und Bruchwäldern, Ufergebüsch.

Wissenswertes Schwarze Johannisbeeren sind noch Vitamin-C- und mineralstoffreicher als rote, schmecken roh aber eigentümlich. Daher werden sie meist als **Cassis** zu Saft, Wein, Likör und Marmelade verarbeitet. Blätter, Rinde und Früchte verströmen einen wanzenartigen, strengen Geruch (auch Wanzenbeere genannt). Die Blätter wirken als recht herb schmeckender Tee bei Blasenentzündung bakterienausschwemmend, waren im 18./19. Jh. ein Tee-Ersatz; Nahrung der C-Falter-Raupen.

ROTE JOHANNISBEERE

ALPEN-JOHANNISBEERE

SCHWARZE JOHANNISBEERE

RIBES UVA-CRISPA

J F M A M J **J** **A** S O N D

Stachelbeere

Merkmale Sommergrüner, **bestachelter** Strauch, nur 0,5–1 m hoch. Blätter wechselständig, **beidseitig behaart**. Blüten gelbgrün oder rot, **zu 1–3** in Blattachseln. Beerenfrüchte grün, **borstig behaart**, Längsstreifen durchscheinend.

Vorkommen In lichten Wäldern, **Gärten**.

Wissenswertes Auch von der Stachelbeere gibt es zahlreiche Sorten, die durch das Kreuzen mit amerikanischen *Ribes*-Arten entstanden. Die großfrüchtigen **Jostabeeren** sind eine robuste Kreuzung aus Stachel- und Schwarzer Johannisbeere. Der Genuss roher, unreifer Stachelbeeren kann zu Durchfall führen, gekocht eignen sich auch unreife Früchte für Kompott, Marmelade, Gelee und Sirup.

VITIS VINIFERA

J F M A M J J A **S** **O** N D

Echte Weinrebe

Merkmale Sommergrüner Kletterstrauch, bis zu 20 m hoch. Seitentriebe **in Ranken endend**. Blätter wechselständig, unterseits **dicht behaart**. Blüten unscheinbar in Rispen. Beerenfrüchte gelbgrün bis schwärzlich, **bereift**.

Vorkommen An Hängen (Weinberge) angepflanzt, wild selten in Auenwäldern (dort Liane).

Wissenswertes Die Weinrebe ist eine der ältesten Kulturpflanzen, die schon vor über 5500 Jahren in Kleinasien angebaut wurde. Gehört zu den Bibelpflanzen. Neben dem Genuss frischer Trauben werden die meisten Früchte zu Wein gekeltert. In jedem Weinanbaugebiet werden typische Sorten angebaut, etwa Riesling, Müller-Thurgau, Spätburgunder, Silvaner, Scheurebe und Trollinger. Die Ranken sind umgebildete Blütenstände.

HEDERA HELIX

J **F** **M** **A** M J J A S O N D

Efeu

Merkmale Immergrüner Strauch, kletternd oder kriechend, bis zu 20 m. **Haftwurzeln**. Blätter wechselständig, gelappt (an nicht blühenden Trieben) **oder rautenförmig** (an blühenden). Blüten unscheinbar. Beerenfrüchte blauschwarz. **Giftig**.

Vorkommen Wälder, Felsen, **Ruinen**, Friedhöfe, Gärten.

Wissenswertes Der Efeu dreht seine Blattstiele so, dass alle Blätter dem Licht zugewandt sind. Als eine der am spätesten im Jahr blühenden Pflanzen liefern die Blüten den Insekten wichtige Nahrung im Herbst. Die Früchte reifen erst im Winter, sie werden von Singvögeln verzehrt. Die giftigen Früchte enthalten Wirkstoffe gegen Husten, Bronchitis und Asthma.

STACHELBEERE

ECHTE WEINREBE

EFEU

EFEU

AESCULUS HIPPOCASTANUM J F M A M J J A **S O** N D

Gewöhnliche Rosskastanie

Merkmale Sommergrüner Baum, bis zu 25 m hoch. Blätter gegenständig, groß, handförmig **mit 7 Fiedern.** Knospen klebrig. Blüten **weiß** in aufrechten, bis zu 30 cm langen Blütenständen. Kapselfrüchte **stachelig** mit braunen Samen (**Kastanien**).

Vorkommen In Parkanlagen, Biergärten, Alleen.

Wissenswertes Wegen ihrer attraktiven Blütenstände wurde die Rosskastanie früher in Biergärten gepflanzt, um die Eislager zu beschatten. Sie kam im 16. Jh. aus der Türkei nach Wien, wo die Früchte an Pferde verfüttert wurden (Name). Die Kastanien werden auch von Eichhörnchen, Vieh und Wild gefressen, sind in Arzneimitteln enthalten und beliebtes Bastelobjekt. Die Blätter werden oft schon im Sommer welk, weil sie von den Larven der Rosskastanien-Miniermotte befallen sind. Gilt als eingebürgert.

AESCULUS × CARNEA J F M A M J J A **S O** N D

Rotblühende Rosskastanie

Merkmale Sommergrüner Baum, 10–20 m hoch. Blätter gegenständig, groß, handförmig **mit 5 Fiedern**. Blüten **rosa bis rot**, in aufrechten, bis zu 20 cm langen Blütenständen. Kapselfrüchte **kaum bestachelt**, kleiner.

Vorkommen In Parks, Gärten, Alleen, an Straßen.

Wissenswertes Eine Kreuzung der Gewöhnlichen Rosskastanie mit der in Nordamerika beheimateten, strauchförmig wachsenden Roten Pavie (*A. pavia*). Da die Rotblühende Rosskastanie kaum von der Rosskastanien-Miniermotte befallen wird, wird sie häufig auf Stämme der Gewöhnlichen Rosskastanie aufgepfropft und bildet dann einen hochstämmigen Baum. Blüten haben ein gelbes Farbmal, das sich nach Bestäubung rot verfärbt.

ACER NEGUNDO J F M A M J J A **S** O N D

Eschen-Ahorn

Merkmale Sommergrüner Baum, bis zu 15 m. Blätter gegenständig, sehr dünn, mit 5–7 Fiedern. Männliche Blüten lang gestielt in dichten rötlichen Büscheln, weibliche Blüten in grünlichen langen Rispen. Nüsse paarweise mit **v-förmigen Flügeln**.

Vorkommen Park- und Gartenbaum, nur gelegentlich an feuchten Standorten verwildert, dort aber oft Kulturfolger.

Wissenswertes Untypischer Ahorn wegen seiner **eschenähnlichen Blätter** und dem Vorkommen von rein männlichen und weiblichen Bäumen. Der schnell wachsende Baum blüht vor dem Laubaustrieb und wird vom Wind bestäubt. Dennoch besuchen Bienen die Blüten, um Pollen zu sammeln.

GEWÖHNLICHE ROSSKASTANIE

GEW. ROSSKASTANIE

ROTBLÜH. ROSSKASTANIE

ESCHEN-AHORN

SAMBUCUS NIGRA J F M A M J J **A S** O N D

Schwarzer Holunder

Merkmale Sommergrüner Strauch, auch Baum bis zu 7 m hoch. Blätter gegenständig, meist mit 7 Fiedern. **Blüten cremeweiß**, klein, zahlreich in bis zu 8 cm großen Trugdolden, duftend. **Steinfrüchte schwarz**, beerenartig, roh/unreif leicht giftig.

Vorkommen Auenwälder, feuchte Waldränder, **Feldgehölz**, Brachgelände, Gärten, an Bauernhöfen.

Wissenswertes Bereits in der Jungsteinzeit wurden die Holunderfrüchte gesammelt, den Germanen war der Baum heilig und sollte böse Geister vertreiben, Frau Holle verdankt ihm ihren Namen und jede Bäuerin wusste um die heilende Kraft der getrockneten Blüten und des vitaminreichen, mineralhaltigen Saftes. Vögel mögen die reifen Früchte und verbreiten die Art.

SAMBUCUS RACEMOSA J F M A M J **J A** S O N D

Trauben-Holunder

Merkmale Sommergrüner Strauch, bis zu 4 m hoch. Blätter gegenständig, meist **mit 5 Fiedern**, im Austrieb oft rötlich. Blüten **gelbgrün** an aufrechten Rispen. Steinfrüchte **rot glänzend**, 4–5 mm groß, Samen giftig.

Vorkommen In Berg- und Schluchtenwäldern, in den Alpen bis 2300 m Höhe.

Wissenswertes Dieser schnellwachsende, aber nur kurzlebige Holunder besiedelt oft als erster Strauch durch Windbruch oder Kahlschlag entstandene **Lichtungen**. Er ist ein wichtiges Vogelschutzgehölz. Vögel verzehren gern die Früchte, aus denen nach Entfernen der blausäurehaltigen Samen Saft und Marmelade zubereitet werden.

CLEMATIS VITALBA J F M A M J J A S **O** N D

Gewöhnliche Waldrebe

Merkmale Sommergrüner, linkswindender **Kletterstrauch**, bis zu 30 m hoch. Blätter gegenständig, mit 3–5 Fiedern. Blüten gelblich, zu vielen in Trugdolden. Nussfrüchte klein, mit langen fedrig behaarten Griffeln. **Giftig**.

Vorkommen An Bachläufen, Waldrändern, in Wäldern, Gebüsche.

Wissenswertes Als eine der wenigen heimischen Lianen klettert die Waldrebe oft bis in die Kronen hoher Bäume. Dadurch kann sie Forstbäume zum Absterben bringen. Die auffallend silbrigen Früchte bleiben über Winter an der Pflanze und werden erst im Frühjahr von starken Winden gelöst und verbreitet. Hautkontakt mit Pflanzensaft kann zu Entzündungen führen.

SCHWARZER HOLUNDER

SCHWARZER HOLUNDER

TRAUBEN-HOLUNDER

GEWÖHNLICHE WALDREBE

GEWÖHNLICHE WALDREBE

FRAXINUS EXCELSIOR J F M A M J J A **S** **O** N D

Gewöhnliche Esche

Merkmale Sommergrüner Baum, 25–40 m hoch. Blätter gegenständig, bis zu 25 cm lang, mit 9–13 länglichen Fiedern. Blüten klein in dichten Büscheln. **Nussfrüchte grünlich**, schmal geflügelt, bleiben oft **bis zum Frühjahr hängen**.

Vorkommen In Auen- und Schluchtwäldern, an **Ufern**, auch in verschiedenen Sorten in Alleen gepflanzt.

Wissenswertes Das Holz der bis zu 200 Jahre alten, bis zu 1 m dicken Stämme ist dekoratives Möbelholz sowie zähelastisches Konstruktionsholz für Stiele, Sportgeräte, früher Lanzen, Speere. Die Maserung des Holzes ähnelt Eichenholz. Die Esche ist einer der hochwüchsigsten heimischen Bäumen, ein wichtiges Gehölz in Auenwäldern. In der nordischen Mythologie hat sie besondere Bedeutung als Weltenbaum Yggdrasil. Rinde früher wie Chinarinde zur Behandlung von Malaria.

FRAXINUS ORNUS J F M A M J J A **S** **O** N D

Blumen-Esche

Merkmale Sommergrüner Baum, bis zu 15 m hoch, oft mehrstämmig. Blätter gegenständig, 15–25 cm lang, mit 7–9 länglichen Fiedern. **Blüten weiß** in dichten hängenden Rispen. **Geflügelte Nussfrüchte** paddelähnlich.

Vorkommen Parks, am Oberrhein eingebürgert.

Wissenswertes Das süßliche Manna, der eingetrocknete Saft angeschnittener Stämme, wird zur Herstellung von Heilmitteln gegen Verstopfung verwendet (Name **Manna-Esche**), ist aber nicht mit dem biblischen Manna zu verwechseln. Die Blüten besitzen anders als die der Gewöhnlichen Esche Kronblätter und werden von Insekten bestäubt.

WISTERIA SINENSIS J F M A M J **J** **A** S O N D

Glyzinie

Merkmale Sommergrüner, linkswindender **Schlingstrauch**, über 10 m hoch. Blätter gegenständig, bis zu 30 cm lang. Schmetterlingsblüten **hellblau bis blauviolett**, in langen **üppigen Trauben**. Hülsenfrüchte bräunlich. **Giftig**.

Vorkommen Gärten, Parks, Begrünung von Mauern, **Pergola**.

Wissenswertes Der aus China stammende Strauch wurde bei uns um das Jahr 1815 als dekorative Zierpflanze eingeführt. Zum Beranken wird ein stabiles, tragfähiges Gerüst benötigt, Regenrohre können von den verholzenden Trieben zusammengedrückt werden. Die reifen Fruchthülsen platzen ruckartig auf und schleudern die Samen mehrere Meter weit weg.

GEWÖHNLICHE ESCHE

BLUMEN-ESCHE

GLYZINIE

LABURNUM ANAGYROIDES J F M A M J J **A** **S** O N D

Gewöhnlicher Goldregen

Merkmale Sommergrüner Strauch oder Baum, 3–7 m hoch. Blätter wechselständig, **kleeähnlich**. Blüten **gelb** in bis zu 30 cm **langen Trauben**. Hülsenfrucht eingeschnürt. **Sehr giftig!**

Vorkommen Parks, **Gärten**, städtische Grünanlagen.

Wissenswertes Wegen seiner überreichen Blüten ist der Goldregen ein attraktives Ziergehölz, aber: Alle Pflanzenteile enthalten **tödlich giftige Alkaloide**, die durch Atemlähmung zum grausamen Tod führen. Vergiftungen treten häufig auf, da Kinder gern mit den Samen spielen. Daher heißt die Devise: Aufklärung! Das harte, schwere, dennoch elastische Holz wurde früher für Armbrüste, heute für Musikinstrumente und Skulpturen verwendet.

ROBINIA PSEUDOACACIA J F M A M J J A **S** O N D

Weiße Robinie

Merkmale Sommergrüner, **bedornter** Baum, bis zu 25 m hoch. Blätter wechselständig, mit 7–19 Fiedern. Blüten **weiß in langen Trauben**. Hülsenfrüchte **bohnenförmig**. **Sehr giftig**!

Vorkommen Parks, an **Straßen**, Bahndämmen, Waldrändern.

Wissenswertes 1601 hatte Jean Robin (1550–1629, Kurator) Robiniensamen aus Nordamerika mitgebracht, um 1625 wurde die erste Robinie im botanischen Garten in Paris kultiviert. Von dort aus eroberte sie nicht nur die Gärten Europas, sondern gilt verwildert als eingebürgert. Die Blüten verströmen einen angenehmen Duft, sind eine ideale Bienenweide und liefern den hellen Akazienhonig. Holz dank teakähnlicher Eigenschaften für Gartenmöbel und Zapfhähne für Bierfässer. Aus den Samen werden gern Rosenkränze gemacht.

CYTISUS SCOPARIUS J F M A M J J **A** **S** O N D

Gewöhnlicher Besenginster

Merkmale Sommergrüner Strauch, 1–2 m hoch. Wuchs **besenartig**. **Spärlich belaubt**. Blätter wechselständig, Blüten **goldgelb** in Trauben. Hülsenfrüchte flach, **reif schwarz**. **Giftig**!

Vorkommen Heide, Kiefernwälder, Wald- und **Wegränder**.

Wissenswertes Wenn der Besenginster blüht, leuchten die Büsche wie gelbe Farbkleckse in der Landschaft. Die Blüten werden meist von Hummeln besucht, die beim Besuch explosionsartig mit Pollen bestäubt werden. Die Samen werden dank süßer Anhängsel von Ameisen verbreitet. Die sparrigen Zweige wurden früher als Besen verwendet (Name). Pioniergehölz an sonnigen Standorten mit sandig-kargen, kalkarmen Böden. Gartensorten in Gelb, Weiß, Rosa.

GEWÖHNLICHER GOLDREGEN

WEISSE ROBINIE

GEWÖHNLICHER BESENGINSTER

SOPHORA JAPONICA J F M A M J J A S **O** N D

Japanischer Schnurbaum

Merkmale Sommergrüner, **unbedornter** Baum, bis zu 25 m hoch. Blätter wechselständig, mit bis zu 17 Fiedern. Blüten **cremefarben** in **aufrechten Rispen**. Hülsenfrüchte wie **Perlschnüre**. Giftig.

Vorkommen **Parks**, Alleen, an Straßen.

Wissenswertes Dieser Baum (auch **Pagodenbaum** genannt) stammt ursprünglich aus China und Korea, wurde aber auch in Japan kultiviert und kam von dort nach Europa (Name). Er ist der am spätesten im Jahr blühende Baum und erträgt auch längere Trockenheitsperioden im Sommer. Seine auffälligen, giftigen Früchte, die wie Perlschnüre am Baum hängen, werden von Vögeln gefressen und mit deren Kot verbreitet.

SORBUS AUCUPARIA J F M A M J J **A** **S** **O** N D

Vogelbeere (Eberesche)

Merkmale Sommergrüner Baum, 15–20 m hoch. Blätter wechselständig, mit 9–17 Fiedern, diese **nur vorne gesägt**, **im Herbst rot**. **Blüten weiß**, klein, in **flachen Schirmrispen**. Apfelfrüchte **orangerot**, in Büscheln.

Vorkommen Laubwälder, Waldränder, Gebüsche, Gärten, Parks.

Wissenswertes Die leicht bitteren, Vitamin-C-reichen Früchte der Vogelbeere können zu Marmelade, Wein, Obstbrand und Essig verarbeitet werden. Nur der Genuss roher Früchte kann zu Unwohlsein führen. Dieser Baum ist während der Blüte- und Fruchtzeit sehr attraktiv, wird von vielen Insekten und 63 verschiedenen Vogelarten besucht, die die Früchte nach den ersten Frösten verzehren. Rinde zum Braunfärben von Stoffen.

SORBUS DOMESTICA J F M A M J J A **S** **O** N D

Speierling

Merkmale Sommergrüner Baum, bis zu 20 m hoch. Blätter wechselständig, mit 13–21 **gesägten Fiedern**. Blüten weiß, in flachen Rispen. Apfelfrüchte 2–3 cm lang, gelborange, **rotbackig**.

Vorkommen In **Weinbaugebieten**, dort auch verwildert.

Wissenswertes Die essbaren, teigigen Früchte für Marmelade und Obstbrand schmecken dank des hohen Gehalts an Gerbstoffen herb-zusammenziehend. Im Frankfurter Raum verleihen sie dem »Äppelwoi« (Apfelwein) seinen typischen Geschmack. Dieser Baum wurde von den Römern von Vorderasien nach Europa gebracht. Das schwerste heimische Holz ist für Flöten, Zahnräder, Holzgewinde und als edles Möbelholz begehrt. Unbedingt neue Bäume pflanzen, da Bestände rückläufig!

JAPANISCHER SCHNURBAUM

VOGELBEERE

VOGELBEERE

SPEIERLING

ROSA CANINA J F M A M J J A **S** **O** N D

Hunds-Rose

Merkmale Sommergrüner Strauch, 1–3 m hoch. Stacheln **hakig zurückgekrümmt**. Blätter wechselständig. Blüten weiß, hellrosa, 4–6 cm breit, schwach duftend. Früchte (**Hagebutten**) rot, kahl, eiförmig.

Vorkommen Waldränder, Hecken, an Bahngleise, **Straßen**.

Wissenswertes Durch Ausläufer bildet diese wuchernde, manchmal auch kletternde Wildrose (auch **Hecken-Rose**) dichte Dickichte. Die Hagebutten sind nach dem Entfernen der behaarten »Kerne« (= Nussfrüchtchen, sind Juckpulver) essbar. Sie liefern Marmelade und Säfte mit hohem Vitamin-C-Gehalt. Der heimischen Tierwelt (Insekten, Vögel, Kleinsäuger) bietet diese Rose reichlich Nahrung (Blüten, Blätter, Früchte) und Unterschlupf.

ROSA RUGOSA J F M A M J J A **S** **O** N D

Runzel-Rose

Merkmale Sommergrüner Strauch, 1–1,5 m hoch, mit kräftigen Stacheln und **Stachelborsten**. Blätter wechselständig, **runzelig** (Name). Blüten rosa, bis zu 8 cm. Hagebutten groß, rot.

Vorkommen Wegränder, Gebüsche, Dünen, Gärten.

Wissenswertes Die aus Ostasien stammende Runzel-Rose (auch **Kartoffel-Rose**) gilt bei uns als eingebürgert. Da sie Autoabgase gut verträgt, wird sie oft als Straßenbegleitgrün gepflanzt, zeigt dort aber gern gelbliche Blattverfärbungen (Chlorose). Die Schalen der flachkugeligen Hagebutten ergeben getrocknet leicht harntreibenden Hagebuttentee. Wie alle Rosen hat auch diese keine Dornen (= umgebildete Sprosse oder Blätter), sondern Stacheln als leicht entfernbare Sonderbildungen der Oberhaut.

ROSA PIMPINELLIFOLIA J F M A M J J A **S** **O** N D

Bibernell-Rose

Merkmale Sommergrüner Strauch, bis zu 0,5 m hoch, mit **geraden Stacheln** und Stachelborsten. Blätter wechselständig. Blüten weiß, 4–6 cm breit. Hagebutten abgeflacht, **schwärzlich**.

Vorkommen Waldränder, Hecken, **Dünen an der Nordsee**.

Wissenswertes Die Bibernell-Rose (auch **Dünen-Rose**) ist die kleinste heimische Wildrosenart, deren Hagebutten zudem schwarz sind. Während der Blütezeit verwandeln die Büsche die Dünen (Braundünen) in ein duftendes Blütenmeer. Auch außerhalb der Blütezeit sind diese dann unscheinbaren Rosen wichtig, denn dank unterirdischer Ausläufer festigen sie den lockeren Boden der Dünen und verhindern, dass dieser weggeweht wird.

HUNDS-ROSE

HUNDS-ROSE

RUNZEL-ROSE

BIBERNELL-ROSE

ROSA PENDULINA J F M A M J J **A** **S** O N D

Gebirgs-Rose

Merkmale Sommergrüner, **kaum bestachelter** Strauch, bis zu 2 m hoch. Blätter wechselständig, Blüten **tiefrot**, bis zu 5 cm breit. Hagebutten **flaschenförmig**, rot, **oft hängend**.

Vorkommen Bergmischwald, Zwergstrauchheide der Alpen.

Wissenswertes Diese Wildrose ist in den Bergen zuhause, wo sie meist im Bereich der Baumgrenze wächst. Trotz ähnlichem Namen ist die Gebirgs-Rose nicht mit den Alpenrosen verwandt, die ja zu den Rhododendrongewächsen gehören. Die Hagebutten sind bei Birkhühnern, Tannenhähern und Kolkraben beliebt, die deren Samen mit dem Kot ausscheiden und so verbreiten.

ROSA GLAUCA J F M A M J J A **S** O N D

Hecht-Rose

Merkmale Sommergrüner, **wenig bestachelter** Strauch, 1–3 m hoch. Triebe und Blätter wechselständig, **bläulich bereift**. Blüten weiß-karminrosa, bis zu 3,5 cm breit. Hagebutten rot, länglich-kugelig.

Vorkommen Gebüsche, Geröllhalden im Gebirge, Gärten, **städtisches Grün**.

Wissenswertes Die Hecht-Rose (auch **Rotblättrige Rose**) mit den auffällig blaugrünen oder kupferroten, bläulich überhauchten Blättern kommt natürlicherweise in den Gebirgen vor. Mit ihren feinen Wurzeln kann sie selbst engste Felsspalten durchwurzeln. Die anspruchslose Wildrose wird gern im Straßenbegleitgrün und in Gärten gepflanzt, neigt aber auf schweren Böden zu Pilzbefall.

POTENTILLA FRUTICOSA J F M A M J J A S O N D

Fingerstrauch

Merkmale Sommergrüner Strauch, bis zu 1 m hoch. Reich verzweigt, Rinde braunrot, löst sich ab. **Blätter handförmig** gefiedert, wechselständig. Blüten **goldgelb**, bis zu 3 cm breit.

Vorkommen Lichte Wälder, Ufergebüsche, Parks, Gärten, **städtische Grünanlagen**.

Wissenswertes Wegen seiner Trockenheitsresistenz wird der Fingerstrauch gern zur Bepflanzung von Hängen und Böschungen, aber auch als Bodendecker im städtischen Grün verwendet. Er gilt als guter Begleiter von Rosen. Die nektar- und pollenreichen Blüten werden von Bienen, Hummeln und Schmetterlingen besucht. Einige der zahlreichen Gartensorten sind empfindlich gegen Mehltau, während 'Goldteppich', 'Sommerflor' und 'Goldfinger' am meisten empfohlen werden.

GEBIRGS-ROSE

GEBIRGS-ROSE

HECHT-ROSE

FINGERSTRAUCH

RUBUS IDAEUS J F M A M J **J A** S O N D

Himbeere

Merkmale Sommergrüner Strauch, bis zu 1,5 m hoch, mit **dunkelroten Stacheln**. Blätter wechselständig, mit meist 3 Fiedern, unten weißhaarig. Blüten weiß. Früchte (**Himbeeren**) **rot**, samtig.

Vorkommen Waldlichtungen, -ränder, Gebüsche, **Gärten**.

Wissenswertes Schon seit alters gehören Himbeeren zur menschlichen Ernährung, wie Funde belegen. Diese süßen, leicht verderblichen Früchte enthalten viel Vitamin C. Es sind keine Beeren, sondern Sammelsteinfrüchte; jede Himbeere besteht aus vielen kleinen Steinfrüchten, die jeweils einen Steinkern enthalten und auf dem verdickten Blütenboden sitzen. Die Blätter sind in vielen Teemischungen (beispielsweise in Schwangerschaftstees) enthalten sowie als Ersatz für Schwarztee. Zahlreiche Kultursorten, auch spättragende.

RUBUS FRUTICOSUS J F M A M J J **A S O** N D

Brombeere

Merkmale Immergrüner Strauch, bis zu 2 m hoch, mit kantigen, **bestachelten Ästen**. Blätter wechselständig, mit **meist 5 Fiedern**. Blüten weiß oder hellrosa. Früchte (**Brombeeren**) schwarz.

Vorkommen Feld-, Wald-, **Wegränder**, Hecken, **Gebüsche**, Gärten.

Wissenswertes Die blauschwarzen Brombeeren (Sammelsteinfrüchte wie Himbeeren) enthalten viele Vitamine. Wegen der zahlreichen Stacheln ist das Sammeln der Früchte in den dichten Hecken nicht ganz schmerzlos; diese bieten vielen Tieren geschützte Nistplätze und reichlich Nahrung. Früchte für Saft, Marmelade, Obstwein, Blätter für Tees gegen Halsentzündungen und Gicht. Auch stachellose Sorten.

RUBUS CAESIUS J F M A M J J **A S O** N D

Kratzbeere

Merkmale Sommergrüner Strauch, bis zu 1 m hoch. **Stacheln gerade**, kurz. Blätter wechselständig, meist **mit 3 Fiedern**. Blüten weiß. Früchte schwarz, **blau bereift**, essbar.

Vorkommen **Auenwälder**, Ufergebüsche, Hecken.

Wissenswertes Die Sammelsteinfrüchte bestehen nur aus wenigen, großen Einzelfrüchten. Sie schmecken weniger süß und aromatisch als Brombeeren, werden aber zu Likör (**Kroatzbeere**) verarbeitet. Auch die Kratzbeere bildet undurchdringliche Gebüsche, die vielen Tieren Lebensraum bieten. Bienen, Käfer und Fliegen besuchen die Blüten, Rabenvögel (Dohlen, Krähen) fressen die wenig schmackhaften Früchte.

HIMBEERE

BROMBEERE

BROMBEERE

KRATZBEERE

MAHONIA AQUIFOLIUM J F M A M J J A **S O** N D

Mahonie

Merkmale Immergrüner, unbedornter Strauch, 0,5–1,5 m hoch. Blätter wechselständig, **stechpalmenartig** dornig, **glänzend**. Blüten **gelb** in Trauben. Beerenfrüchte blauschwarz, **bereift**.

Vorkommen Gärten, städtisches Grün, auch verwildert.

Wissenswertes Die ledrigen, wie Stechpalmen bedornten Blätter der aus Amerika stammenden Mahonie verfärben sich im Herbst und Winter rot. Die Beeren sind ein Wildobst, das man als Gelee oder Saft genießen kann. Giftige, alkaloidhaltige Samen stets entfernen. Vögel sehen die blau bereiften und daher UV-Licht reflektierenden Beeren besonders gut, die kostbares Winterfutter sind. Benannt nach dem berühmten nordamerikanischen Gärtner Bernard McMahon, auch M'Mahon (1775–1816).

SOLANUM DULCAMARA J F M A M J **J A S** O N D

Bittersüßer Nachtschatten

Merkmale Sommergrüner Halbstrauch, klettert bis zu 4 m hoch. Blätter wechselständig, dunkelgrün. Blüten **blauviolett**, mit 5 **zurückgeschlagenen Kronblättern**, **goldgelber Staubblattkegel**. Beerenfrüchte eiförmig, **rot**. Giftig!

Vorkommen **Ufergebüsche**, feuchte Wälder, Hecken.

Wissenswertes Als Halbstrauch weist der Bittersüße Nachtschatten eine verholzte Basis und krautige, kletternde Triebe auf. An einer Pflanze kann man gleichzeitig Blüten, unreif grüne und gelbe sowie reif rote Früchte entdecken. Der Verzehr giftiger Früchte (süßlich schmeckend) führt zu Erbrechen, Durchfall und Fieber, in schweren Fällen Atemlähmung. Gehört wie Tomate und Kartoffel zu den Nachtschattengewächsen.

PARTHENOCISSUS QUINQUEFOLIA J F M A M J J A **S O** N D

Gewöhnliche Jungfernrebe

Merkmale Sommergrüner **Kletterstrauch**, bis zu 10 m hoch. Blätter wechselständig, handförmig. Blüten klein, grün. Beerenfrüchte erbsengroß, glänzend, **blauschwarz**.

Vorkommen An **Fassaden**, verwildert in Auenwäldern.

Wissenswertes Die Jungfernrebe, oft fälschlicherweise Wilder Wein genannt, wird wegen ihrer attraktiv **roten Herbstfärbung** gern als kletternde Fassadenpflanze verwendet. Sie bildet keine Ranken, sondern verkrallt ihre zahlreichen **Haftscheiben** in kleinste Wandvertiefungen, die dann anschwellen. Die leicht giftigen Beerenfrüchte eignen sich nicht für den menschlichen Verzehr, sind aber beliebt bei Vögeln. Diese scheiden die Samen mit dem Kot aus und verbreiten so die Pflanze. Zierpflanze aus Amerika.

MAHONIE

BITTERSÜSSER NACHTSCHATTEN

GEWÖHNLICHE JUNGFERNREBE

JUGLANS REGIA — J F M A M J J A **S** **O** N D

Echter Walnussbaum

Merkmale Sommergrüner Baum, bis zu 25 m hoch. Blätter wechselständig, bis zu 40 cm lang, **mit 5–9 Fiedern**, **kahl**. Männliche Blüten lange Kätzchen, weibliche Blüten klein. **Steinfrucht** mit grüner Schale, hartem Kern (**Walnuss**), öffnen sich **bei Reife**.

Vorkommen Feld-, Waldränder, auf Wiesen, **Gehöfte**.

Wissenswertes Die Römer brachten die Walnuss über die Alpen nach Mitteleuropa. Daran erinnert der Gattungsname (jovis glans = Eichel des Jupiters). Die Blätter duften beim Zerreiben aromatisch, verrotten aber schlecht. Ab dem 15. Lebensjahr trägt die Walnuss bis zu 50 kg Früchte jährlich. Das fette Öl wird als Speise- und Künstlerfarböl verwendet. Unter den heimischen Bäumen liefert die bis zu 600 Jahre alte Walnuss das edelste Holz, etwa für Holzapplikationen in Luxusautos und als Furnier.

JUGLANS NIGRA — J F M A M J J A S **O** N D

Schwarzer Walnussbaum

Merkmale Sommergrüner Baum, bis zu 50 m hoch. Blätter wechselständig, größer, mit **bis zu 17 Fiedern**, **unten behaart**. Steinfrüchte dickschalig, **öffnen sich nicht**, Kern (**Schwarznuss**) **gefurcht**.

Vorkommen **Parks** in milden Lagen.

Wissenswertes In manchen Parkanlagen wächst die aus Amerika stammende Schwarze Walnuss. Ihre Blätter verfärben sich im Herbst gelb. Die rauen, braunen bis schwarzbraunen Schalen (Name) der pfirsichgroßen, süßen Steinfrüchte lassen sich auch bei Reife nur schwer öffnen. Für sie gibt es in Amerika spezielle Nussknacker. In ihrer Heimat erreichen die Bäume stattliche Höhen, bei uns bleiben sie kleiner. Hochwertiges Möbelholz.

PTEROCARYA FRAXINIFOLIA — J F M A M J J A **S** **O** N D

Kaukasische Flügelnuss

Merkmale Sommergrüner Baum, bis zu 20 m hoch. Blätter wechselständig, bis zu 45 cm lang, mit 7–27 Fiedern. Blütenkätzchen männliche gelblich, weibliche grünlich. **Fruchtstände** bis zu 45 cm lang.

Vorkommen In Parks, an Straßen.

Wissenswertes In wintermilden Gebieten ist die aus dem Kaukasus bis Nordiran stammende Flügelnuss ein beliebter Stadtbaum, denn sie ist ganzjährig attraktiv (goldgelbe Herbstfärbung) und verträgt Trockenheit, Wind, Hitze und Staunässe. Nur gegen Spätfröste sind die früh austreibenden Knospen empfindlich.

ECHTER WALNUSSBAUM

SCHWARZER WALNUSSBAUM

KAUKASISCHE FLÜGELNUSS

GLEDITSIA TRIACANTHUS J F M A M J J A **S O** N D

Gleditschie

Merkmale Sommergrüner Baum, bis zu 40 m hoch. Stamm mit **bis zu 20 cm langen, spitzen, verzweigten Dornen**. Blätter wechselständig, ohne Endfieder. Blüten in Trauben. Hülsenfrüchte **schraubig gedreht**.

Vorkommen Parks, an **Straßen** auch in dornenloser Form.

Wissenswertes In Nordamerika, der Heimat der Gleditschie (auch **Lederhülsenbaum**, **Christusdorn**), wurden die gerösteten Samen als Kaffee-Ersatz verwendet, die Früchte dienten als Viehfutter. Um 1700 kamen die ersten Bäume nach Europa, wo sie dank der Toleranz gegenüber Stadtklima als Park- und Straßenbäume gepflanzt werden. Dornen meist in Dreiergruppen (triacanthus = dreidornig).

AILANTHUS ALTISSIMA J F M A M J J A **S O** N D

Götterbaum

Merkmale Sommergrüner Baum, bis zu 25 m hoch. Borke mit **weißen Längsrissen**. **Blätter sehr groß**, wechselständig, bis zu 70 cm lang. Blüten unscheinbar in **Rispen**. Nussfrüchte geflügelt, **gelb bis rötlich**. **Samen giftig**.

Vorkommen Parks, an Straßen **größerer Städte**.

Wissenswertes Die großen, reif hochroten Fruchtstände sehen von Weitem wie üppige Blumensträuße aus. Die zahlreichen Samen, die vom Wind verdriftet werden, lassen den robusten Baum sich immer weiter ausbreiten. Er wird allerdings nur bis zu 50 Jahre alt; liefert wertloses Papierholz. Die männlichen Blüten und Blätter verströmen (beim Zerreiben) einen widerlichen Geruch.

RHUS TYPHINA J F M A M J J **A S** O N D

Essigbaum

Merkmale Sommergrüner Strauch oder Baum, 3–5 m hoch. Triebe dick, **stark behaart**. Blätter wechselständig. Blüten in bis zu 20 cm langen, kolbenartigen Rispen. Steinfrüchte **rot behaart**, in **kolbenartigem Fruchtstand**. **Giftig**, besonders Milchsaft.

Vorkommen Gärten, Parks, verwildert an Schuttplätzen.

Wissenswertes Seit 1629 findet man dieses in nordamerikanischen Laubwäldern heimische Gehölz in den Gärten Europas. Besonders in den 1970er und 1980er Jahren war der Essigbaum (auch **Kolben-Sumach**, **Hirschkolben-Sumach**) mit der roten Herbstfärbung und den attraktiven Fruchtständen, die den Winter über am Baum bleiben, eine beliebte Gartenpflanze. Breitet sich wegen austriebsfähiger Wurzelstücke sehr aggressiv aus.

GLEDITSCHIE

GÖTTERBAUM

ESSIGBAUM

Stichwortverzeichnis

Bildnachweis

Hecker: 1, 2/3, 11o, 13u, 15or, 21o, 29o, 29u, 41o, 47m, 59ur, 63ul, 63ur, 67o, 71o, 71m, 71ul, 73o, 73ml, 75ol, 87or, 89mr, 89ml, 91m, 97o, 97u, 99u, 101o, 107u, 111mr, 111ur, 117o, 117u, 125u, 129o, 131o, 131m, 131ul, 133mr, 135or, 135m, 137o, 141ul, 147o, 153o, 153u
Limbrunner: 4r, 37u, 39ul, 49o, 61m, 65ml, 65mr, 83o, 113m, 135ur
Pforr : 9u, 11ml, 13o, 13m, 15u, 17o, 17ul, 19m, 23o, 25ul, 25ur, 27u, 29mr, 31o, 31u, 33ol, 33or, 35o, 37m, 41m, 43m, 43o, 45u, 47u, 51o, 51m, 51u, 53or, 55o, 61ur, 65u, 67ur, 69m, 73mr, 75ur, 77o, 77m, 79u, 81o, 81ml, 81mr, 83u, 85o, 85m, 85u, 87mr, 91ol, 93o, 93m, 93ur, 103m, 103u, 107mr, 109u, 111or, 115o, 119ur, 121o, 121ul, 121ur, 123m, 123u, 139u, 143mr, 145m, 147ur
Pott: 4l, 7l, 9ml, 11mr, 11u, 15ol, 21u, 27o, 27m, 31m, 33u, 35m, 35u, 39o, 49u, 53ol, 53ur, 57m, 59o, 61o, 67m, 69o, 75or, 79or, 87ol, 89u, 91u, 101m, 109o, 109m, 111ml, 111ul, 113ul, 113ur, 115m, 117m, 119ul, 123o, 125m, 127o, 129m, 131ur, 133o, 135ol, 135ul, 139o, 139m, 141o, 141ur, 143o, 143u, 145u, 149o, 151o, 151m, 151u
Reinhard: 9o, 9mr, 23u, 29ml, 37ol, 37or, 39m, 39ur, 41u, 45m, 49m, 53ul, 57u, 59ul, 67ul, 69u, 71ur, 73u, 89o, 91or, 93ul, 95o, 97mr, 101u, 103o, 105o, 105ml, 105mr, 105u, 107ml, 111ol, 127u, 149m
Sauer/Hecker: 147ul
Spohn: 7r, 17ur, 19o, 19u, 43ur, 55u, 63o, 79ol, 99o, 99m, 119m, 125o, 133u, 145ol, 145or, 149u, 15m, 87ml
Willner: 21m, 23m, 25o, 43ul, 45o, 47o, 55m, 57o, 61ul, 63m, 65o, 75ul, 77u, 81u, 83m, 87u, 95ul, 95ur, 97ml, 107o, 113o, 115u, 119o, 127m, 129u, 133ml, 137m, 137u, 141m, 143ml, 147m, 153m

Über den Autor

Stefan Cölsch wuchs mitten im Pfälzer Wald auf und entdeckte früh seine Begeisterung für Holz, Bäume und den Wald. Er absolvierte zunächst eine Schreinerlehre und studierte dann Holztechnik in Rosenheim. Als Dipl.-Ing. (FH) Holztechnik arbeitete er als Geschäftsführer einer Holzbaufirma für ökologische Holzhäuser und ist heute im Innenausbau beschäftigt. Sein Interesse gilt nicht nur dem Holz, sondern insbesondere der Vielfalt und dem Wesen der Bäume. Stefan Cölsch lebt mit Familie auf dem »Rauhen Kapf«, einer kleinen Waldsiedlung bei Böblingen.

Bibliografische Information der Deutschen Nationalbibliothek

Die Deutsche Nationalbibliothek verzeichnet diese Publikation in der Deutschen Nationalbibliografie; detaillierte bibliografische Daten sind im Internet über http://dnb.d-nb.de abrufbar.

BLV Buchverlag GmbH & Co. KG
80797 München

© 2011 BLV Buchverlag GmbH & Co. KG, München

Das Werk einschließlich aller seiner Teile ist urheberrechtlich geschützt. Jede Verwertung außerhalb der engen Grenzen des Urheberrechtsgesetzes ist ohne Zustimmung des Verlags unzulässig und strafbar. Das gilt insbesondere für Vervielfältigungen, Übersetzungen, Mikroverfilmungen und die Einspeicherung und Verarbeitung in elektronischen Systemen.

Piktogramme: Gisela Rüger, München

Umschlaggestaltung: Kochan & Partner GmbH, München
Umschlagfotos: igreen/Jonathan Fieber (vorne), Pott (hinten)

Lektorat: Dr. Friedrich Kögel, Christina Redmer
Herstellung: Hermann Maxant
Layoutkonzept Innenteil: Kochan & Partner GmbH, München
DTP: Satz+Layout Peter Fruth GmbH, München

Gedruckt auf chlorfrei gebleichtem Papier

Printed in Germany

ISBN 978-3-8354-0787-9

Sagenhafte Baumgestalten zwischen Küste und Alpen

Stefan Kühn/Bernd Ullrich/Uwe Kühn

Deutschlands alte Bäume

Der repräsentative Bildband: rund 200 bedeutende, oft jahrhundertealte Bäume in Deutschland mit ausdrucksstarken Fotos · Zu jedem Baum: Geschichte, Sagen, Mythen – ergänzt durch historische Abbildungen · Übersichtskarte und Wegbeschreibungen zu den Standorten.

ISBN 978-3-8354-0740-4

www.blv.de